大学数学 スポットライト・シリーズ ⑥

群の表示

佐藤隆夫 著

近代科学社

◈ 読者の皆さまへ ◈

平素より，小社の出版物をご愛読くださいまして，まことに有り難うございます．

㈱近代科学社は 1959 年の創立以来，微力ながら出版の立場から科学・工学の発展に寄与すべく尽力してきております．それも，ひとえに皆さまの温かいご支援があってのものと存じ，ここに衷心より御礼申し上げます．

なお，小社では，全出版物に対して HCD（人間中心設計）のコンセプトに基づき，そのユーザビリティを追求しております．本書を通じまして何かお気づきの事柄がございましたら，ぜひ以下の「お問合せ先」までご一報くださいますよう，お願いいたします．

お問合せ先：reader@kindaikagaku.co.jp

なお，本書の制作には，以下が各プロセスに関与いたしました：

・企画：小山　透
・編集：小山　透，石井沙知
・組版 (TeX)・印刷・製本・資材管理：藤原印刷
・カバー・表紙デザイン：菊池周二
・広報宣伝・営業：冨髙琢磨，山口幸治，西村知也

大学数学 スポットライト・シリーズ
刊行の辞

周知のように，数学は古代文明の発生とともに，現実の世界を数量的に明確に捉えるために生まれたと考えられますが，人類の知的好奇心は単なる実用を越えて数学を発展させて行きました．有名なユークリッドの『原論』に見られるとおり，現実的必要性をはるかに離れた幾何学や数論，あるいは無理量の理論がすでに紀元前300年頃には展開されていました．

『原論』から数えても，現在までゆうに2000年以上の歳月を経るあいだ，数学は内発的な力に加えて物理学など外部からの刺激をも様々に取り入れて絶え間なく発展し，無数の有用な成果を生み出してきました．そして21世紀となった今日，数学と切り離せない数理科学と呼ばれる分野は大きく広がり，数学の活用を求める声も高まっています．しかしながら，もともと数学を学ぶ上ではものごとを明確に理解することが必要であり，本当に理解できたときの喜びも大きいのですが，活用を求めるならばさらにしっかりと数学そのものを理解し，身につけなければなりません．とは言え，発展した現代数学はその基礎もかなり膨大なものになっていて，その全体をただ論理的順序に従って粛々と学んでいくことは初学者にとって負担が大きいことです．

そこで，このシリーズでは各巻で一つのテーマにスポットライトを当て，深いところまでしっかり扱い，読み終わった読者が確実に，ひとまとまりの結果を理解できたという満足感を得られることを目指します．本シリーズで扱われるテーマは数学系の学部レベルを基本としますが，それらは通常の講義では数回で通過せざるを得ないが重要で珠玉のような定理一つの場合もあれば，ε-δ論法のような，広い分野の基礎となっている概念であったりします．また，応用に欠かせない数値解析や離散数学，近年の数理科学における話題も幅広く採り上げられます．

本シリーズの外形的な特徴としては，新しい製本方式の採用により本文の余白が従来よりもかなり広くなっていることが挙げられます．この余白を利用して，脚注よりも見やすい形で本文の補足を述べたり，読者が抱くと思われる疑問に答えるコラムなどを挿入して，親しみやすくかつ理解しやすものになるよういろいろと工夫をしていますが，余った部分は読者にメモ欄として利用していただくことも想定しています．

また，本シリーズの編集幹事は東京理科大学の教員から成り，学内で活発に研究教育活動を展開しているベテランから若手までの幅広く豊富な人材から執筆者を選定し，同一大学の利点を生かして緊密な体制を取っています．

本シリーズは数学および関連分野の学部教育全体をカバーする教科書群ではありませんが，読者が本シリーズを通じて深く理解する喜びを知り，数学の多方面への広がりに目を向けるきっかけになることを心から願っています．

編集幹事一同

まえがき

本大学数学スポットライト・シリーズの第1巻『シローの定理』を上梓した際に，その「まえがき」で述べさせていただいたことでもあるが，代数方程式の可解性に関する情報を有するガロア群や，位相空間の連続変形による不変量を与える基本群やホモロジー群など，分野を問わず多くの現代数学において群が登場し，様々な数学的現象を記述する上で重要な役割を果たしている．そのような場面では，群の構造を深く理解し，複雑な群論を効果的に駆使する技術が求められる．

では一般に，構造を調べたい群が与えられたとき，何をもってその群がよく分かったと言えるだろうか．これはたいへん漠然とした問いかけで，一瞬，質問の意図が分からず惚けてしまいそうであるが，落ち着いて考えると，どのような興味・目的のもとで学修・研究を行っているかということに大きく依存することは明らかである．簡単な例を挙げれば，有限次ガロア拡大体の中に中間体がどれだけあるかを知りたいときは，ガロア理論の基本定理によって，そのガロア群の中にどれだけ部分群があるかを調べればよい．「部分群の様子を調べるだけで中間体の様子が手に取るように分かる」と初めて聞いたときは大変圧巻で感銘を受けた．また別の例として，有限群が作用するような複素ベクトル空間の構造を明らかにしたいときは，表現論を利用することにより，その群の既約表現を用いてベクトル空間を分解すればよい．そのためには，与えられた有限群に既約表現がどれだけあるかを調べておくことが重要になる．表現論における既約分解の一意性は大変強力な定理であり，様々な数学で重宝されている．以上は有限群の例であるが，単に群といっても，調べる対象の群が有限群か無限群か，可換群か非可換群か，または離散群か連続群かなどによって，学修内容や研究手法が著しく異なるということも決して珍しいことではない．

主に離散的な群を扱う組合せ群論とよばれる分野では，与えられた群を初等的かつ素朴[1]に調べるための手法として，群の**生成元**と，生成元たちが満たす等式である**関係式**を与え，それらを用いて群の深い内在的な性質を考察する．この生成元と関係式をまとめて表したものを**群の表示**という．群の表示が得られれば，その群の種々の不変量を具体的に計算することができ，応用上も大変有益である．

[1] 決して"簡単"という意味ではない．

歴史的には，組合せ群論は，純粋な群の代数的理論の延長として研究され発展してきたというわけではない．その理論の起源と隆盛には，位相幾何学からの大きな要請と寄与があった．きわめて端的に言えば，位相幾何学とは，位相空間の連続変形によって不変な性質を研究する学問であり，究極的には位相空間の同型類を完全に分類することがその目標である[2]．たとえば，ビーチボールに魔法をかけていくらでも伸び縮みできるようにしたとき，はさみで切ったり糊で貼ったりせずに，うまいことして浮き輪に変形できるだろうか．少し想像すると"無理そうだな"という直観的な感覚が湧いてくるだろう．ではこれをどうやって示せばよいだろうか．我々数学者は，この直観を万人が納得できる厳密な数式で表現しなければならない．基本群やホモロジー群といった，空間の連続変形で変わらないような代数的不変量を構成し，それらを用いることで，ビーチボールと浮き輪を数学的に区別することができる．

[2] 単に位相空間といってもあまりにも対象の幅が広すぎるので，通常，考察の対象になるのは多様体や CW 複体といった扱いやすい空間である．

一般に，ホモロジー群は可換群[3]であり，比較的よい空間であればそのホモロジー群は有限生成となるので，有限生成アーベル群の構造定理を用いれば，ホモロジー群の同型類を明確に記述できる．したがって，ホモロジー群は位相空間の分類に大きな役割を果たす．しかしながら，ホモロジー群では区別できないような空間もたくさん存在し，そのようなとき，一つの手段として基本群を考える．基本群は，基点付き空間のループのホモトピー類がなす群として定義され，一般に非可換群であり，可換群に比べて扱いが非常に困難である．このような非可換群の情報を厳密に記述し，同型類を区別するための道具として群の表示が用いられ，絶大な威力を発揮してきた．現在，組合せ群論は位相幾何学のみならず，群が作用する空間の幾何構造を研究する幾何学的群論などともあいまって，多くの研究者によって盛んに利用・研究されている．

[3] アーベル群ともいう．

群の表示に関する内容を，歴史的背景を尊重して，位相幾何学的な観点から解説することも可能であるが，その場合，基本群や被覆空間といった位相幾何学に関する（それなりに手間のかかる）知識を解説せざるを得なくなる．これによって，単に群の表示の代数的理論のみを学修したい初学者にとっては想定以上に時間が取られてしまい，結果として学ぶのを諦めるという残念なことが起こりうる．このような事態を避けるため，本書では純粋に代数的な理論のみに特化した解説を行い，大学 2, 3 年生までに学ぶ線型代数，群論，および環と加群などの知識があれば読み進められるよう配慮した．決して位相幾何学的な背景や理論を軽視するわけではないので，本書で組合せ群論や位相幾何学に興味を持たれた読者は，巻末に掲げた参考文献[10],[17],[22],[25] などで積極的に学ばれるとよいと思う．

本書で具体的に解説した群は，有限群では巡回群，正二面体群，対称群，交代群，および無限群では有限生成アーベル群，有理整数環上の特殊線型群，一般線型群およびそのいくつかの部分群などである．特に，モジュラー群やその部分群である合同部分群については，位相幾何学のみならず，整数論や保型函数論，双曲幾何学などにおいても重要な役割を果たす群であり，丁寧な解説を心がけた．

これまで，トピックスとして群の表示を扱っている邦書は，代数系から位相幾何系のものまでいくつも見出すことができるが，どれもメインストリームが別にあり，本論に必要な内容をいくつか扱うのみで，組合せ群論に特化して体系的に記述したものはほとんど見当たらない．自由群の一般論から始まり，部分群や群の拡大，自由積，融合積の群の表示といった応用上も汎用性の高い内容にスポットライトを当て，適度な難易度で扱う邦書があれば，自学自習する学部生にとっても，様々な分野の専門家を目指す大学院生にとっても大変有意義なものになるのではないかと推察している．これが今回，本シリーズで“群の表示”を取り上げた理由である．

謝辞

このたび，拙著『シローの定理』に引き続き，若輩の私に本シリーズ 2 点目の執筆の機会を与えて下さった，東京理科大学理学部第二部数学科教授の宮岡悦良先生，および執筆を快く承諾してくださった近代科学社社長の小山透さんに心より感謝，お礼を申し上げます．同社の石井沙知さんには，原稿の校正に際し，1 冊目に引き続き何度も誠実かつ丁寧にご対応頂きました．近代科学社の皆様に改めて深謝いたします．本書の 2 次線型群の合同部分群に関する部分については，元東京理科大学大学院生の石垣博司さん，および東京理科大学理工学部数学科教授の廣瀬進先生にもご高覧いただき，有益なコメントをいくつも頂戴しました．特に，石垣さんは大学院生当時，還暦を越えても積極的に研究に取り組み，ドイツ語で書かれた原論文をいくつも私のセミナーで紹介してくださって，それが元になって原稿を書き起こした部分もあります．石垣さん，廣瀬先生に改めて感謝，お礼申し上げます．本書では後に掲げる文献も大いに参考にさせていただきました．本文中では逐一出典を明示しませんでしたが，執筆者の方々に敬意を表すとともに深く感謝いたします．

本書の大半は著者が大学院生の頃に学んでいたノートをもとに書き起こしました．学生当時から，中村博昭先生や河澄響矢先生，そして森田茂之先生をはじめとして多くの先生方からの薫陶を受けてきました．私に「数学」を教えてくれたすべての先生方に心より感謝いたします．最後に，本を読むのが大好きな最愛の娘に本書を捧げたいと思います．

東京 神楽坂にて

平成 29 年 1 月　　著　者

目　次

4　群の拡大と表示

5　自由積と融合積

6　線型群の表示

1 自由群

群には，自由群と呼ばれるある特殊な性質を持つ群のクラスがある．簡単に言えば，自由群とは生成元が与えられ，それらの間に自明な関係式[4] 以外の関係式がいっさい存在しないような群のことである．すべての群はある自由群の剰余群として表されるなど，自由群にはよい性質がたくさんある．後に解説する群の表示の言葉を用いれば，自由群は最も単純な表示を持つ群とみなすことができ，組合せ群論を学ぶ上で最も基本的かつ重要な群のうちの一つである．しかしながら，自由群には種々の組合せ論的複雑さがあり，些細な性質をきちんと記述するためにも細心の注意力や忍耐強い計算力を要するなど，初学者にとっては煩わしい一面もある．この章では，自由群の普遍写像性質や階数など，自由群に関する基本的事項をできるだけ丁寧に解説する．

1.2 節の内容は初学者には多少高度で，いきなり読んでも何をしているかよく分からないかもしれない．なので最初は事実を認めて読み飛ばし，組合せ群論の考え方や手法にいくらか慣れてから改めて取りかかるとよいかもしれない．

1.1 定義と普遍写像性質

まず，自由群を具体的に構成することで定義して，その基本的な性質を述べよう[5]．

定義 1.1（自由群）X を集合[6] とする．各 $x \in X$ に対して，形式的に x^{-1} なる元を考え，

[4] 自明な関係式とは，$xx^{-1} = 1$，もしくはこれらをいくつか用いて表される関係式のことである．たとえば，$x^{-1}yy^{-1}xzz^{-1} = 1$ は自明な関係式．

[5] 自由群の“自由”という言葉は，普遍写像性質（単に，普遍性とも言う）を持つ群というところからきている．一般に，ある圏において普遍写像性質をもつ対象のことを自由○○という．たとえば，アーベル群の圏における自由アーベル群や，リー代数の圏における自由リー代数などがその典型的な例である．普遍性を有する対象は同型を除いて一意的に定まるという性質があるので，普遍性を用いて抽象的に自由群を定義して，自然な議論でもって話を進めていくことも理論的には可能である．しかしながら，初学者にとってはいよいよわけが分からなくなるので，ここではまず具体的に扱えるようなモデルを一つ与え，それに慣れてもらう方法を取った．

[6] 無限集合でもよい．

$$X^{-1} := \{x^{-1} \mid x \in X\}, \quad X^{\pm 1} := X \cup X^{-1}$$

とおく．以下，$x \in X$ に対して，$(x^{-1})^{-1} = x$ と考え，$y \in X^{\pm 1}$ に対し $y^{-1} \in X^{\pm 1}$ と考える．$X^{\pm 1}$ の元を**文字** (letter) という．これらの文字を任意の順序に有限個並べた列

$$w := w_1 w_2 \cdots w_k, \quad w_i \in X^{\pm 1}$$

を X 上の**語** (word) という．便宜的に，文字を何も並べないという語を考え，これを**空語** (empty word) と呼び，1 と表す．X 上の語全体の集合を $W(X)$ と書く．任意の語 $v = v_1 v_2 \cdots v_k$, $w = w_1 w_2 \cdots w_l \in W(X)$ $(v_i, w_j \in X^{\pm 1})$ に対して，v と w をこの順序で並べてくっつけたものを v と w の**積** (product) といい，$v \cdot w$ と表す．ただし，通常は簡単のため，単に vw と書く．この積が結合法則を満たすことは積の定義から直ちに分かる[7]．

[7] この積により，$W(X)$ は半群になる．

次に，$W(X)$ の元 w に対して以下の 2 種類の操作を考える．

(E1) w の文字列の中に，xx^{-1}（もしくは $x^{-1}x$）なる部分があるとき，これを取り除く．

(E2) (E1) の逆．すなわち，w の文字列の 1 か所に xx^{-1}（もしくは $x^{-1}x$）を挿入する．

上の二つの操作を語の**基本変形** (elementary transformation) と呼ぶ．$W(X)$ に関係 $\sim$ を

$$v \sim w \iff v \text{ に有限回（0 回も含む）の基本変形を施すことで } w \text{ に変形できる.}$$

で定めると，$\sim$ は $W(X)$ 上の同値関係である．さらに，

$$v \sim v', \ w \sim w' \implies vw \sim v'w'$$

が成り立つ[8]．したがって，$W(X)$ 上の積は $W(X)/\sim$ 上の積を誘導する．すなわち，$W(X)$ における $w \in W(X)$ の属する同値類を $[w]$ と書くことにすれば，

$$[v] \cdot [w] := [vw]$$

によって，$W(X)/\sim$ 上に積が定義される．この積に関して $W(X)/\sim$

[8] 問題 1.1 参照．

が群になることが以下のように示される．

(1) 任意の $u, v, w \in W(X)$ に対して，$W(X)$ の結合法則を用いて

$$([u]\cdot[v])\cdot[w] = [uv]\cdot[w] = [(uv)w] = [u(vw)] = [u]\cdot[vw] = [u]\cdot([v]\cdot[w])$$

が成り立つことが分かる．つまり，$W(X)/\sim$ においても結合法則が成り立つ．

(2) $[1]$ が $W(X)/\sim$ の単位元である．

(3) $w = w_1 w_2 \cdots w_k \in W(X)$ に対して，$[w] \in W(X)/\sim$ の逆元は $[w_k^{-1} w_{k-1}^{-1} \cdots w_1^{-1}]$ で与えられる．

そこで，この群 $W(X)/\sim$ を X 上の**自由群** (free group on X) といい，$F(X)$ と表す．$[X] := \{[x] \in F(X) \,|\, x \in X\}$ とおくと，$|[X]| = |X|$[9] であり，$F(X)$ は群として $[X]$ で生成される．この $[X]$ を $F(X)$ の**基底** (basis) という．今，自由群の元を $[w]$ のように同値類を意識して表しているが，前後の文脈から語ではなく自由群の元を考えていることが明らかな場合は，簡単のため，特に断らない限り $[w]$ を単に w と表すことがある．この場合，同様に $[X]$ も X と書く[10]．

9) $|Y|$ は集合 Y の濃度を表す．$|[X]| = |X|$ であることは，以下で解説する語の長さを考えると証明できる．

10) 鋭い読者からはご指摘を受けそうであるが，厳密には，自由群の基底は単なる集合ではなく，元の間の順序も併せて考えなければならない（このことは，線型代数におけるベクトル空間の基底についても同様である）．すなわち，二つの文字 x_1, x_2 からなる基底を持つ自由群 F_2 を考えるとき，順序を併せて考えた対 (x_1, x_2), (x_2, x_1) は F_2 の相異なる基底と考えるべきである．しかしながら，表記の煩雑さを避けるため，特に混乱がない場合は $\{x_1, x_2\}$ のように非順序対のように書いて表す．

定義 1.2（語の長さ）語 $w = w_1 w_2 \cdots w_k \in W(X)$ $(w_i \in X^{-1})$ に対して，k を w の**長さ** (length) といい $l(w)$ と表す．空語 1 に対しては $l(1) = 0$ と定める．

定義から明らかなように，任意の語 $v, w \in W(X)$ に対して，$l(vw) = l(v) + l(w)$ が成り立つ．

定義 1.3（既約語）語 $w \in W(X)$ にどのような基本変形を施しても w の長さ $l(w)$ が小さくならないとき，w を**既約語** (reduced word) という．

語 $w \in W(X)$ の長さは有限であるから，理論的には w と同値な既約語 $\overline{w}$ が存在することが分かる．しかしながら，これが一意的であるかどうかについてはまったく自明ではない．

定理 1.4 $v, w \in W(X)$ に対して,

$$[v] = [w] \iff \overline{v} = \overline{w}$$

が成り立つ. すなわち, 各語 w に対して, w に同値な既約語は一意的に決まる.

証明. $v, w \in W(X)$ を既約語とするとき, $v \neq w$ であれば $[v] \neq [w]$ であることを示せばよい. そこで, $[v] = [w]$ とすると, 語の有限列

$$v = u_0, u_1, \ldots, u_m = w$$

で, 各 $0 \leq i \leq m-1$ に対して, u_{i+1} は u_i に基本変形を 1 回施して得られるようなものが存在する. $L := l(u_0) + l(u_1) + \cdots + l(u_m)$ とおく. 上のような語の列をすべて考えて, L が最小となるようなものを一つとって固定する.

今, $v \neq w$ で v, w は既約語であるから $m \geq 2$ である. 実際, $m = 1$ となったとすると, $u_0 = v$ は既約語であるから, $u_1 = w$ は u_0 に (E2) なる変形を施して得られるものでなければならない. ところが, これが w の既約性に反する. さらに, v, w の既約性から

$$l(v) = l(u_0) < l(u_1) \quad \text{および} \quad l(u_{m-1}) > l(u_m) = l(w)$$

となっていることも同様の議論から分かる. したがって, ある $0 < i < m$ で

$$l(u_{i-1}) < l(u_i) \quad \text{かつ} \quad l(u_i) > l(u_{i+1})$$

となるようなものが存在する. そこで, u_i は u_{i-1} に aa^{-1} $(a \in X^{\pm 1})$ を挿入して得られる語とし, u_{i+1} は u_i から bb^{-1} $(b \in X^{\pm 1})$ を取り除いて得られる語とする. すると, aa^{-1} と bb^{-1} に重なりがあるかどうかで以下の場合分けが考えられる.

(1) $a = b$ かつ $a^{-1} = b^{-1}$ のとき. この場合は, $u_{i-1} = u_{i+1}$ となり, これは L の最小性に反する.

(2) $a^{-1} = b$ のとき. この場合, u_i は

$$u_i = v_1 v_2 \cdots v_j a a^{-1} b^{-1} \cdots v_l = v_1 v_2 \cdots v_j a a^{-1} a \cdots v_l$$

なる形をしている．したがって，

$$u_{i-1} = v_1 v_2 \cdots v_j b^{-1} \cdots v_l = v_1 v_2 \cdots v_j a \cdots v_l = u_{i+1}$$

となり，L の最小性に反する．

(3) $b^{-1} = a$ のとき．(2) の場合と同様に矛盾を生じる．

(4) aa^{-1} と bb^{-1} に重なり合いがないとき．この場合，u_i から aa^{-1} と bb^{-1} を取り除いて得られる語を u'_i とおき，

$$v = u_0, u_1, \ldots, u_{i-1}, u'_i, u_{i+1}, \ldots u_m = w$$

なる語の列を考えれば，

$$l(u_0) + \cdots + l(u_{i-1}) + l(u'_i) + l(u_{i+1}) + \cdots + l(u_m) = L - 4$$

となるので，やはり L の最小性に矛盾である．

以上により，$[v] \neq [w]$ であることが分かる．□

この定理 1.4 により，自由群の各元 $w \in F(X)$ は既約語を用いて一意的に $w = \overline{w}$ のように表すことができる．これを w の**既約表示** (reduced expression) と呼ぶ[11]．

[11] たとえば，$X := \{x, y\}$ とし，$w := xyxx^{-1}yx^{-1}$ のとき，$\overline{w} = xyyx^{-1}$ となる．通常，指数はまとめて xy^2x^{-1} ように表す慣習がある．

定義 1.5（巡回的既約語）既約語 $w = w_1 w_2 \cdots w_k \in W(X)$ $(w_i \in X^{\pm 1})$ に対して，$w_1 \neq w_k^{-1}$ となるとき，w を**巡回的既約語** (cyclically reduced word) という[12]．

[12] たとえば，$X := \{x, y\}$ とし，$v := yxyx$ は巡回的既約語で，$w := x^{-1}y^2x^2$ は巡回的既約語ではない．

補題 1.6 既約語 $w \in W(X)$ に対して，ある既約語 $u \in W(X)$ とある巡回的既約語 $v \in W(X)$ が存在して，$F(X)$ において $w = uvu^{-1}$ となる．

証明．w が巡回的既約語であれば，$u = 1$, $v = w$ とおけばよい．$w = w_1 w_2 \cdots w_k$ が巡回的既約語でなければ，$w_1 = w_k^{-1}$ であるから，$w = w_1 w' w_1^{-1}$ と書ける．そこで，w' が巡回的既約語であれば，$u = w_1$, $v = w'$ とおけばよい．w' が巡回的既約語でなければ，$w' = w_2 w'' w_2^{-1}$ と書ける．ゆえに，以下，w'' に対して同様の議論を繰り返し適用すれば，語の長さは有限であるのでいつかは題意の

形に表せることが分かる．□

定義 1.7（**自由群の元の長さ**）自由群 $F(X)$ の元 $[w]$ に対して，$w \in W(X)$ と同値な既約語 $\overline{w}$ の長さ $l(\overline{w})$ を $[w]$ の**長さ** (length) といい，$l_*([w])$ と表す．

明らかに，$l_*([w]) = 0 \iff \overline{w} = 1$ である．また，任意の $v, w \in W(X)$ に対して，

$$l_*([vw]) \leq l_*([v]) + l_*([w])$$

となる．実際，$vw \sim \overline{v}\,\overline{w}$ であることから，$\overline{vw}$ の長さは $\overline{v}\,\overline{w}$ のそれに等しいか真に小さいかのどちらかである．つまり，$\overline{v}$ と $\overline{w}$ の間で文字の消去が起こらなければ，その長さは $l_*([v]) + l_*([w])$ であり，そうでなければ，$l_*([v]) + l_*([w])$ より小さくなる．

定理 1.8 $F(X)$ には単位元以外に有限位数の元は存在しない[13)]．

13) 「自由群は torsion free である」ともいう．

証明．$w \in W(X)$ を $w \neq 1$ なる既約語とするとき，任意の $n \in \mathbb{N}$ に対して $[w]^n = [w^n] \neq 1 \in F(X)$ であることを示せばよい．補題 1.6 より，ある既約語 $u \in W(X)$ とある巡回的既約語 $v \in W(X)$ が存在して，$F(X)$ において $w = uvu^{-1}$ と書ける．このとき，$w \neq 1$ ゆえ $v \neq 1$ であり，$l(v) > 0$ である．また，$w^n = uv^n u^{-1}$ となり右辺は既約語である．ゆえに，$l_*([w^n]) = l(u) + l(v^n) + l(u^{-1}) = 2l(u) + nl(v)$ であり，

$$0 < l_*([w]) < l_*([w^2]) < \cdots < l_*([w^n]) < \cdots$$

となる．ゆえに，$[w]^n \neq 1 \in F(X)$ である．□

定理 1.9 X 上の自由群の任意の二つの元について，これらが共役[14)]かどうかを判定できる．

14) 一般に，群 G と $x, y \in G$ に対して，ある $z \in G$ が存在して $y = z^{-1}xz$ となるとき，x と y は**共役** (conjugate) であるという．

証明．$F(X)$ の任意の元 v は巡回的既約語 w を用いて，$v = a^{-1}wa$ なる形に表すことができる．ゆえに，自由群の二つの元がいつ共役になるかどうかは，任意の二つの巡回的既約語がいつ共役になるかどうかが分かればよい．以下，巡回的既約語 $w = y_1 y_2 \cdots y_k$ $(y_i \in X^{\pm 1})$ と共役な巡回的既約語は $y_1 y_2 \cdots y_k$ における各文字を巡回置換して

得られる語のみであることを示す.

そこで, $a^{-1}wa$ が巡回的既約語になったとする. このとき, a^{-1} か a のどちらかは w と間で完全に消去されなければならない. そうでなければ, $a^{-1}wa$ が巡回的既約語にならない. $a = z_1z_2\cdots z_l$ $(z_i \in X^{\pm1})$ とおく. $a^{-1} = z_l^{-1}\cdots z_2^{-1}z_1^{-1}$ が w との間ですべて消去されるならば,

$$z_1 = y_1,\ z_2 = y_2,\ \ldots,\ z_l = y_l$$

とならなければならない. このとき, $a^{-1}wa = y_{l+1}\cdots y_ky_1y_2\cdots y_l$ となる. 一方, $a = z_1z_2\cdots z_l$ が w との間ですべて消去されるならば,

$$z_1 = y_k^{-1},\ z_2 = y_{k-1}^{-1},\ \ldots,\ z_l = y_{k-l+1}^{-1}$$

とならなければならない. このとき, $a^{-1}wa = y_{k-l+1}\cdots y_{k-1}$ $y_ky_1y_2\cdots y_{k-l}$ となる. よってどちらの場合も, w の文字を巡回置換して得られる語である. □

補題 1.10 $F(X)$ を X 上の自由群とし, $w \in F(X)$ を $w \neq 1$ なる元とする. このとき, $F(X)$ において w と w^{-1} は共役ではない.

証明. w を初めから巡回的既約語と仮定しても一般性を失わない. w^{-1} と w が共役と仮定すると, w^{-1} は w の文字の巡回置換として書ける. すなわち, ある既約語 u, v に対して, $w = uv$, $w^{-1} = vu$ となる. すると, $w^{-1} = v^{-1}u^{-1}$ であるから, $vu = v^{-1}u^{-1}$ となる. 両辺ともに既約語であるから, $v = v^{-1}$, $u = u^{-1}$ でなければならない. すると, $v^2 = u^2 = 1$ となるので定理 1.8 より $v = u = 1$ を得る. このとき $w = 1$ となり矛盾である. □

次に自由群が持つ最も重要な性質のうちの一つである普遍写像性質[15] について述べる.

[15] この性質を用いることで, 自由群から任意の群への準同型写像がどれだけあるかすべて決定できる.

定理 1.11 $F(X)$ を X 上の自由群とする. このとき以下が成り立つ.

(1) 任意の群 G と任意の写像 $f : X \to G$ に対して, ある群準同型写像 $\widetilde{f} : F(X) \to G$ で以下の図式が可換となるものが一意的に存在する.

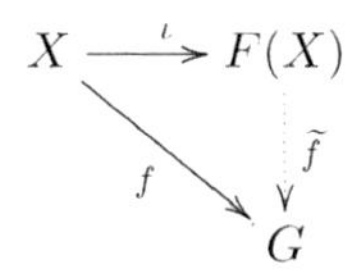

ここで，$\iota : X \to F(X)$ は自然な包含写像である．

(2) (1) の性質を満たすような，群と包含写像の組 (F, ι') は同型を除いて一意的である．すなわち，F を群，$\iota' : X \to F$ を包含写像とし，これらが (1) の性質を満たせば，ある同型写像 $\widetilde{\iota'} : F(X) \to F$ が存在する．

証明．(1) 任意の元 $v = x_1^{e_1} x_2^{e_2} \cdots x_k^{e_k} \in W(X)$, $x_i \in X$, $e_i = \pm 1$ に対して，

$$\widetilde{f}(v) := f(x_1)^{e_1} f(x_2)^{e_2} \cdots f(x_k)^{e_k}$$

と定める．この定義が $F(X)$ 上で well-defined であることを示そう．すなわち，$v, w \in W(X)$ に対して，$v \sim w$ であれば $\widetilde{f}(v) = \widetilde{f}(w)$ となることを示す．$v \sim w$ であるとき，v から w へは基本変形の有限列が存在する．したがって，w が v から 1 回の基本変形で得られる場合のみ示せば十分である．

w が v に (E1) を施して得られる場合．この場合は，

$$\begin{aligned} v &= x_1^{e_1} \cdots x_{j-1}^{e_{j-1}} x_j^{e_j} x_j^{-e_j} x_{j+2}^{e_{j+2}} \cdots x_k^{e_k}, \\ w &= x_1^{e_1} \cdots x_j^{e_{j-1}} x_{j+2}^{e_{j+2}} \cdots x_k^{e_k} \end{aligned}$$

となっている．ゆえに，

$$\begin{aligned} f(v) &= f(x_1)^{e_1} \cdots f(x_{j-1})^{e_{j-1}} f(x_j)^{e_j} f(x_j)^{-e_j} f(x_{j+2})^{e_{j+2}} \cdots f(x_k)^{e_k} \\ &= f(x_1)^{e_1} \cdots f(x_{j-1})^{e_{j-1}} f(x_{j+2})^{e_{j+2}} \cdots f(x_k)^{e_k} \\ &= f(w) \end{aligned}$$

となる．w が v に (E2) を施して得られる場合も同様である．よって，$\widetilde{f} : F(X) \to G$ が写像として well-defined である．$\widetilde{f}$ が準同型であることは定義から直ちに分かる．

さらに，$\widetilde{f}' : F(X) \to G$ を題意の性質を満たす準同型写像とすると，任意の $x \in X$ に対して，$\widetilde{f}(\iota(x)) = f(x) = \widetilde{f}'(\iota(x))$ が成り立つ．特に，$F(X)$ は $\iota(X)$ で生成されており，$\widetilde{f}$ と $\widetilde{f}'$ はすべての

生成元上で値が一致するので $F(X)$ 上一致することが分かる．つまり，$\widetilde{f}=\widetilde{f'}$ を得る．

(2) $(F(X),\iota)$ が (1) の性質を満たすから，写像 $\iota' : X \to F$ の拡張である準同型写像 $\widetilde{\iota'} : F(X) \to F$ が存在する．同様に，(F,ι') が (1) の性質を満たすから，写像 $\iota : X \to F(X)$ の拡張である準同型写像 $\widetilde{\iota} : F \to F(X)$ が存在する．すると，準同型写像 $\widetilde{\iota}\circ\widetilde{\iota'} : F(X) \to F(X)$ が得られ，

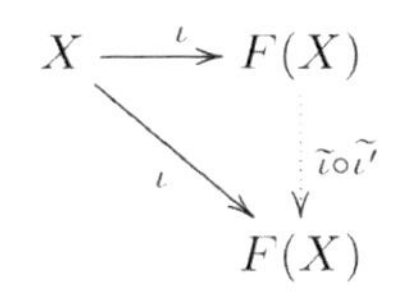

は可換図式となる．ところが，この図式において，$\widetilde{\iota}\circ\widetilde{\iota'}$ を $\mathrm{id}_{F(X)}$ に置き換えたものを考えるとやはり可換図式であるから，(1) で示した一意性より，$\widetilde{\iota}\circ\widetilde{\iota'}=\mathrm{id}_{F(X)}$ である．同様に，$\widetilde{\iota'}\circ\widetilde{\iota}=\mathrm{id}_F$ であることも分かる．ゆえに，$\widetilde{\iota}, \widetilde{\iota'}$ は同型写像である．□

定義 1.12 (**普遍写像性質**) この定理 1.11 は，X 上の自由群 $F(X)$ を特徴づける性質であり，$F(X)$ の**普遍写像性質** (universal mapping property)，もしくは**普遍性** (universality) などと呼ばれている．

一般に，群 G から群 H への準同型写像全体の集合を $\mathrm{Hom}(G,H)$ と表し，集合 X から集合 Y への写像全体の集合を $\mathrm{Map}(X,Y)$ と表す．

定理 1.13 任意の群 G に対して，$\mathrm{Hom}(F(X),G)$ と $\mathrm{Map}(X,G)$ の間には全単射が存在する[16)]．

証明．写像 $\Phi : \mathrm{Hom}(F(X),G) \to \mathrm{Map}(X,G)$ を任意の $\varphi \in \mathrm{Hom}(F(X),G)$ に対して，$\Phi(\varphi) := \varphi|_X$ で定める．一方，写像 $\Psi : \mathrm{Map}(X,G) \to \mathrm{Hom}(F(X),G)$ を，任意の $\psi \in \mathrm{Map}(X,G)$ に対して，定理 1.11 より得られる ψ の拡張である準同型写像 $\widetilde{\psi} : F(X) \to G$ を用いて，$\Psi(\psi) := \widetilde{\psi}$ として定める．このとき，$\Phi\circ\Psi=\mathrm{id}$ かつ $\Psi\circ\Phi=\mathrm{id}$ が成り立つので，Φ, Ψ はともに全単射である．□

16) すなわち，自由群からの準同型写像は基底の行き先を任意に指定することで一意的に決まる．このことは，ベクトル空間の線型写像が持つ性質と同様である．

以下の定理は，自由群の同型類は生成元の個数のみで決まること

を示している．

定理 1.14 $F(X_1)$, $F(X_2)$ をそれぞれ X_1, X_2 上の自由群とする．このとき，

$$F(X_1) \cong F(X_2) \iff |X_1| = |X_2|$$

が成り立つ[17]．

17) X_1, X_2 が無限集合のときは濃度の意味で成り立つ．

証明. ($\Longleftarrow$) 各 $i = 1, 2$ に対して，$\iota_i : X_i \to F(X_i)$ を自然な包含写像とする．$|X_1| = |X_2|$ より，全単射 $f : X_1 \to X_2$ が存在する．このとき，写像 $\iota_2 \circ f : X_1 \to F(X_2)$, $\iota_1 \circ f^{-1} : X_2 \to F(X_1)$ はそれぞれ，準同型写像 $\varphi : F(X_1) \to F(X_2)$, $\psi : F(X_2) \to F(X_1)$ を誘導する．このとき，$\varphi \circ \psi$ は X_2 上の恒等写像であるので，$F(X_2)$ 上の恒等写像である．同様に，$\psi \circ \varphi$ は $F(X_1)$ 上の恒等写像になる．よって，φ, ψ は同型写像である．

($\Longrightarrow$) $F(X_1) \cong F(X_2)$ とすると，$|\mathrm{Hom}(F(X_1), \mathbb{Z}/2\mathbb{Z})| = |\mathrm{Hom}(F(X_2), \mathbb{Z}/2\mathbb{Z})|$ である．定理 1.13 より，$|\mathrm{Map}(X_1, \mathbb{Z}/2\mathbb{Z})| = |\mathrm{Map}(X_2, \mathbb{Z}/2\mathbb{Z})|$ となり，これより $2^{|X_1|} = 2^{|X_2|}$ を得る．したがって，$|X_1| = |X_2|$ である．□

さて，これまでの議論において自由群は，まず文字を定め語の同値類の間の積を考えることで定義された．すなわち，基底を予め一つ固定して定義した．しかしながら，ベクトル空間の基底のように，自由群の基底も常にただ一つのものだけに注目する必要はない．一般に，$F(X)$ の部分集合 X' で，包含写像 $X' \hookrightarrow F(X)$ が同型写像 $F(X') \to F(X)$ を誘導するとき，X' も $F(X)$ の基底という[18]．X' を $F(X)$ の別の基底とすると，定理 1.14 より $|X| = |X'|$ が成り立つ．

18) X' が $F(X)$ の基底であるとき，$F(X)$ の任意の元は X' 上の既約語の同値類として一意的に表される．

定義 1.15（階数） F を自由群とする．F の任意の基底に含まれる元の個数[19]は一定である．そこで，$|X|$ を $F(X)$ の**階数** (rank) という．

19) 無限集合の場合は濃度の意味である．

特に断らない限り，本書では階数が高々可算である自由群のみ解説するが，通常扱うのは階数が有限の場合であって，可算濃度の基底を持つ自由群を扱うことはまれである．$n \geq 1$ に対して，階数 n

の自由群を F_n と書く慣習がある．

定理 1.16 任意の群はある自由群の全射準同型写像による像になっている[20]．

[20] したがって，準同型定理より，任意の群は自由群の剰余群として表される．

証明. G を群とし，$S = \{s_\lambda\}_{\lambda\in\Lambda}$ を G の生成系とする[21]．このとき，$X := \{x_\lambda\}_{\lambda\in\Lambda}$ とし，X 上の自由群 $F(X)$ を考える．対応 $x_\lambda \mapsto s_\lambda$ により定まる準同型写像 $\varphi: F(X) \to G$ を考えれば，φ は全射であるからこれが求めるものである．□

[21] 極端であるが，$S = G$ としてもよい．

以下の定理は，与えられた群，もしくはその部分群がいつ自由群になるかを判定するためにしばしば用いられる．

定理 1.17 G を群とし，$Y \subset G$ を $Y \cap Y^{-1} = \emptyset$ なる部分集合とする．$H := \langle Y \rangle$ を Y が生成する G の部分群とする．このとき以下は同値．

(1) H は Y 上の自由群．
(2) $Y^{\pm 1}$ の有限個の元の積 $w = w_1 w_2 \cdots w_k$ $(w_i \in Y^{\pm 1})$ に対し，各 $1 \le i \le k-1$ について $w_i w_{i+1} \ne 1$ であれば $w \ne 1$.

証明. (1) $\Longrightarrow$ (2). $Y := \{y_\lambda\}_{\lambda\in\Lambda}$ とおく．対偶を示す．そこで，$w = y_{\lambda_1}^{e_1} y_{\lambda_2}^{e_2} \cdots y_{\lambda_k}^{e_k} \in G$ $(k \ge 1, e_i = \pm 1)$ を，各 $1 \le i \le k-1$ に対して $y_{\lambda_i}^{e_i} y_{\lambda_{i+1}}^{e_{i+1}} \ne 1$ であり，かつ $w = 1$ となるような元とする．このような元が存在するとき，H が Y 上の自由群でないことを示す．

今，$|Y| = |X|$ なる集合 $X := \{x_\lambda\}_{\lambda\in\Lambda}$ を考える．H が Y 上の自由群であるとすると，その普遍性により対応 $y_\lambda \mapsto x_\lambda$ から準同型写像 $\varphi: H \to F(X)$ が誘導される．すると，$\varphi(w) = \varphi(1) = 1$ である．しかしながら，

$$\varphi(w) = x_{\lambda_1}^{e_1} x_{\lambda_2}^{e_2} \cdots x_{\lambda_k}^{e_k} \in F(X)$$

である．もし，$x_{\lambda_i}^{e_i} x_{\lambda_{i+1}}^{e_{i+1}} = 1$ とすると，$\lambda_{i+1} = \lambda_i$ かつ $e_{i+1} = -e_i$ となり，$y_{\lambda_i}^{e_i} y_{\lambda_{i+1}}^{e_{i+1}} = 1$ となるので，$x_{\lambda_i}^{e_i} x_{\lambda_{i+1}}^{e_{i+1}} \ne 1$ である．よって，$\varphi(w)$ は $F(X)$ の既約語であり $\varphi(w) \ne 1$．これは矛盾である．

(2) $\Longrightarrow$ (1). $|Y| = |X|$ なる集合 $X := \{x_\lambda\}_{\lambda\in\Lambda}$ を考える．対応 $x_\lambda \mapsto y_\lambda$ から準同型写像 $\psi: F(X) \to H$ が誘導される．今，

$w := x_{\lambda_1}^{e_1} x_{\lambda_2}^{e_2} \cdots x_{\lambda_k}^{e_k} \in F(X)$ ($k \geq 1, e_i = \pm 1$) を既約語とすると，仮定より

$$\psi(w) = y_{\lambda_1}^{e_1} y_{\lambda_2}^{e_2} \cdots y_{\lambda_k}^{e_k} \neq 1 \in G$$

となる．これは，ψ が単射であることを示している．一方，$\psi(X) = Y$ であるから ψ は全射である．ゆえに，ψ は同型写像となり，H は Y 上の自由群である．□

一般に，有限次元ベクトル空間 V の部分空間の次元は V の次元を超えない．これと同様のことが有限階数の自由アーベル群についても成り立つ．ところが，以下の定理は自由群がこれらのものとは本質的に異なる性質を持つことを示すものである．

定理 1.18 $n \geq 2$ とする．階数 n の自由群 F_n は，階数が可算無限となるような自由群を部分群として含む．

証明． x, y を F_n の基底における相異なる元とする．このとき，

$$Y := \{x,\ yxy^{-1},\ y^2xy^{-2},\ y^3xy^{-3}, \ldots\}$$

とおくと，$Y \cap Y^{-1} = \emptyset$ である．さらに，$w = w_1 w_2 \cdots w_k$ ($w_i \in Y^{\pm 1}$) を，各 $1 \leq i \leq k-1$ について $w_i w_{i+1} \neq 1$ なる元とする．今，$w_i = y^{m_i} x^{\pm 1} y^{-m_i}$ とおくとき，$w_i w_{i+1} \neq 1$ ($1 \leq i \leq k-1$) であるから，w の既約表示において各 $x^{\pm 1}$ は消去されずに残る．ゆえに，$l_*(w) \geq k$ である．これは，$w \neq 1 \in F_n$ であることを示している．ゆえに，定理 1.17 により，$\langle Y \rangle$ は Y 上の自由群である．$|Y|$ は可算無限の濃度であるから求める結果を得る．□

1.2 ニールセン変換

この節では自由群の基底に関する性質を解説する．線型代数学では，n 次元ベクトル空間は $n-1$ 個以下の元で生成されず，n 個の1次独立な元たちは基底になるという性質を学んだ．本節では，これと同様のことが自由群についても成り立つことを示す．しかしながら，加法とスカラー倍という極めて扱いやすい演算を持つベクトル空間に比べ，最も非可換性の強い演算を持つ自由群の基底につい

て議論することは決して容易ではない．

一般に，ベクトル空間に基底がどの程度存在するかは，ベクトル空間の自己同型群，すなわち，一般線型群がどのくらい大きいかを考察することと同値である．ニールセン[22]はこの議論の自由群類似を考察することで，自由群に関する多くの深い結果を得た．

[22] Jakob Nielsen (1890.10.15 – 1959.8.3).

copyright: MFO

デンマーク出身の数学者．組合せ群論の基礎である自由群に関する基本的な結果をいくつも得た．1920 年代からコペンハーゲンの大学で研究を続け，向きづけ可能な閉曲面の写像類は曲面の基本群への作用で完全に決定されるという定理を得た．第二次世界大戦中もコペンハーゲンで研究を続け，1951 年にコペンハーゲン大学数学科の教授に就任し，1952 年からはユネスコの理事としても活躍した．

以下，群 $F(X)$ の元 $u_1, u_2, \ldots$ に対して，単に，$u_1, u_2, \ldots \in F(X)$ からなる $F(X)$ の部分集合を表す場合には $U := \{u_1, u_2, \ldots\}$ と書き，$u_1, u_2, \ldots \in F(X)$ の順序も込めて考えた順序対を表す場合は，$\vec{U} := (u_1, u_2, \ldots)$ と書く[23]．このような $\vec{U}$ 全体の集合を

$$\mathcal{U} := \{\vec{U} = (u_1, u_2, \ldots) \,|\, u_i \in F(X)\}$$

とおく．また，$U^{-1} := \{u^{-1} \,|\, u \in U\}$ とし，$U^{\pm 1} := U \cup U^{-1}$ とおく．

[23] 一般的な記号ではない．本書のみの便宜的な記号である．

定義 1.19（ニールセン変換）$\mathcal{U}$ の元 $\vec{U} = (u_1, u_2, \ldots)$ に対し，以下の 3 種類の操作を考える．

(T1) ある $i \geq 1$ に対して，u_i を u_i^{-1} に置き換え，$j \neq i$ のとき u_j はそのままにしておく．

(T2) $i \neq j$ なる $i, j \geq 1$ に対して u_i を $u_i u_j$ に置き換え，$k \neq i$ のとき u_k はそのままにしておく．

(T3) $u_i = 1$ のとき，u_i を取り除く．

この三つの操作を**基本ニールセン変換** (elementary Nielsen transformation) といい，これらをいくつか合成して得られる変換を**ニールセン変換** (Nielsen transformation) という．

補題 1.20 $\mathcal{U}$ の元 $\vec{U} = (u_1, u_2, \ldots)$ を考える．

(1) 任意の $1 \leq i_1 < i_2 < \cdots < i_{i_k}$，および任意の $\sigma \in \mathfrak{S}(i_1, i_2, \ldots, i_k)$[24] に対して，

$$\begin{aligned}\vec{U} &= (u_1, \ldots, u_{i_1}, \ldots, u_{i_2}, \ldots, u_{i_k}, \ldots) \\ &\mapsto (u_1, \ldots, u_{\sigma(i_1)}, \ldots, u_{\sigma(i_2)}, \ldots, u_{\sigma(i_k)}, \ldots)\end{aligned}$$

なるニールセン変換が存在する．

[24] $\mathfrak{S}(a_1, a_2, \ldots, a_k)$ は $\{a_1, a_2, \ldots, a_k\}$ 上の置換全体のなす置換群を表す．これは k 次対称群 $\mathfrak{S}_k$ に同型である．

(2) $i \neq j$ なる $i, j \geq 1$ に対して，u_i を $u_i u_j^{-1}$, $u_j u_i$, $u_j^{-1} u_i$ に置き換え，$k \neq i$ のとき u_k を固定するようなニールセン変換がそれぞれ存在する．

証明． (1) $i_1 = 1, i_2 = 2, \ldots, i_k = k$ としても一般性を失わない．このとき，$\mathfrak{S}(i_1, i_2, \ldots, i_k) = \mathfrak{S}_k$ である．対称群 $\mathfrak{S}_k$ は互換で生成されるので，各 $1 \leq i \leq k-1$ に対して，

$$\vec{U} = (u_1, \ldots, u_i, u_{i+1}, \ldots) \mapsto (u_1, \ldots, u_{i+1}, u_i, \ldots)$$

なるニールセン変換が存在することを示せば十分である．これには以下のような基本ニールセン変換の列を考えればよい．簡単のため，i 番目と $i+1$ 番目の部分のみ記述する．

$$(u_i, u_{i+1}) \xrightarrow{(\mathrm{T2})} (u_i u_{i+1}, u_{i+1}) \xrightarrow{(\mathrm{T1})} (u_{i+1}^{-1} u_i^{-1}, u_{i+1}) \xrightarrow{(\mathrm{T2})} (u_{i+1}^{-1} u_i^{-1}, u_i^{-1})$$
$$\xrightarrow{(\mathrm{T1})} (u_{i+1}^{-1} u_i^{-1}, u_i) \xrightarrow{(\mathrm{T2})} (u_{i+1}^{-1}, u_i) \xrightarrow{(\mathrm{T1})} (u_{i+1}, u_i).$$

(2) それぞれ以下のような基本ニールセン変換の列を考えればよい．簡単のため，i 番目と j 番目の部分のみ記述する．

$$(u_i, u_j) \xrightarrow{(\mathrm{T1})} (u_i, u_j^{-1}) \xrightarrow{(\mathrm{T2})} (u_i u_j^{-1}, u_j^{-1}) \xrightarrow{(\mathrm{T1})} (u_i u_j^{-1}, u_j),$$
$$(u_i, u_j) \xrightarrow{(\mathrm{T1}),(\mathrm{T1})} (u_i^{-1}, u_j^{-1}) \xrightarrow{(\mathrm{T2})} (u_i^{-1} u_j^{-1}, u_j^{-1}) \xrightarrow{(\mathrm{T1}),(\mathrm{T1})} (u_j u_i, u_j),$$
$$(u_i, u_j) \xrightarrow{(\mathrm{T1})} (u_i^{-1}, u_j) \xrightarrow{(\mathrm{T2})} (u_i^{-1} u_j, u_j) \xrightarrow{(\mathrm{T1})} (u_j^{-1} u_i, u_j).$$

□

補題 1.21 $\mathcal{U}$ の元 $\vec{U}, \vec{V}$ を考える．$\vec{U}$ がニールセン変換で $\vec{V}$ に変形されたとすると，$F(X)$ において $\langle U \rangle = \langle V \rangle$ となる．

証明． $\vec{U}$ が基本ニールセン変換で $\vec{V}$ に移る場合を考えればよい．(T1), (T3) の場合は明らかである．(T2) について考える．$\vec{U} = (u_1, u_2, \ldots)$, $\vec{V} = (v_1, v_2, \ldots)$ とし，$i \neq j$ なる $i, j \geq 1$ に対して $v_i = u_i u_j$, $v_j = u_j$ となっているとする．このとき，$\langle U \rangle \supset \langle V \rangle$ である．一方，$u_i = (u_i u_j) \cdot u_j^{-1} \in \langle V \rangle$ であることに注意すれば $\langle U \rangle \subset \langle V \rangle$ である．□

定義 1.22 (**N 既約**) $\vec{U} \in \mathcal{U}$ とする．任意の $v_1, v_2, v_3 \in U^{\pm 1}$ に対して以下が成り立つとする．

(N1) $v_1 \neq 1$.
(N2) $v_1 v_2 \neq 1 \implies l_*(v_1 v_2) \geq l_*(v_1),\ l_*(v_2)$.
(N3) $v_1 v_2,\ v_2 v_3 \neq 1 \implies l_*(v_1 v_2 v_3) > l_*(v_1) - l_*(v_2) + l_*(v_3)$.

このとき，$\vec{U}$ は**N 既約** (N-reduced) であるという．

後の定理の証明で用いるために，いくつか順序に関する記号を導入する．$F(X)$ の元 $w \neq 1$ に対して，w の既約表示 $\overline{w}$ の左端から $\lceil (l_*(w)+1)/2 \rceil$ 番目[25] の文字までの部分を w の**左半分** (left half) といい，$L(w)$ と表す．例えば，

$$
L(x_3 x_1^{-1} x_1 x_2^{-1} x_1 x_3^{-1}) = x_3 x_2^{-1},
$$
$$
L(x_2 x_1 x_1^{-1} x_3 x_2^{-1}) = x_2 x_3,\quad L(x_1) = L(x_1^2) = x_1
$$

である．

[25] $\lceil x \rceil$ は x を超えない最大の整数を表す．たとえば，$\lceil \sqrt{2} \rceil = 1$，$\lceil \pi \rceil = 3$．

$X^{\pm 1}$ に一つの整列順序を入れる．例えば，

$$
x_1 < x_2 < \cdots < x_1^{-1} < x_2^{-1} < \cdots
$$

とする．これにより，$F(X)$ 上に辞書式順序 $\leq_{\mathrm{lex}}$ が定義される．すなわち，任意の $v, w \in F(X)$ に対して，それらの既約表示をそれぞれ $\overline{v}, \overline{w}$ とするとき，$\overline{v}$ と $\overline{w}$ の間の辞書式順序に従って v と w の間に順序を入れる[26]．さて，任意の $w \in F(X)$ に対して元の組 $\{w, w^{-1}\}$ を考え，

$$
\mathcal{W}(X) := \{\{w, w^{-1}\} \mid w \in F(X)\}
$$

とおく．このとき，$\mathcal{W}(X)$ 上に順序 $\leq_M$ を

$$
\begin{aligned}
&\{w_1, w_1^{-1}\} \leq_M \{w_2, w_2^{-1}\} \\
&\iff (1)\ \text{“}l_*(w_1) < l_*(w_2)\text{”}, \\
&\qquad (2)\ \text{“}l_*(w_1) = l_*(w_2)\text{” かつ “}\min\{L(w_1), L(w_1^{-1})\} \\
&\qquad\qquad <_{\mathrm{lex}} \min\{L(w_2), L(w_2^{-1})\}\text{”}, \\
&\qquad \text{または}, \\
&\qquad (3)\ \text{“}l_*(w_1) = l_*(w_2)\text{”},\ \text{“}\min\{L(w_1), L(w_1^{-1})\} \\
&\qquad\qquad =_{\mathrm{lex}} \min\{L(w_2), L(w_2^{-1})\}\text{” かつ} \\
&\qquad\qquad \text{“}\max\{L(w_1), L(w_1^{-1})\} \leq_{\mathrm{lex}} \max\{L(w_2), L(w_2^{-1})\}\text{”}.
\end{aligned}
$$

[26] たとえば，$x_1 x_2 x_1^{-1} <_{\mathrm{lex}} x_2 x_2 <_{\mathrm{lex}} x_2 x_1^{-1} <_{\mathrm{lex}} x_1^{-1}$ である．

によって定める．

補題 1.23 $\leq_M$ は $\mathcal{W}(X)$ 上の整列順序である．

証明．反射律と推移律については成り立つことを容易に示せる．反対称律について考える．

$$\{w_1, w_1^{-1}\} \leq_M \{w_2, w_2^{-1}\} \text{ かつ } \{w_1, w_1^{-1}\} \geq_M \{w_2, w_2^{-1}\}$$

とする．すると，$l_*(w_1) = l_*(w_2)$ であり，

$$\min\{L(w_1), L(w_1^{-1})\} =_{\text{lex}} \min\{L(w_2), L(w_2^{-1})\}$$
$$\max\{L(w_1), L(w_1^{-1})\} =_{\text{lex}} \max\{L(w_2), L(w_2^{-1})\}$$

でなければならない．そこでまず，$\min\{L(w_1), L(w_1^{-1})\} =_{\text{lex}} L(w_1)$ の場合を考えよう．$\min\{L(w_2), L(w_2^{-1})\} =_{\text{lex}} L(w_2)$ と仮定する．すると，$L(w_1) = L(w_2)$ より

$$w_1 = L(w_1)p, \quad w_2 = L(w_1)q \text{（既約語）}$$

となる．ここで，$l_*(p) = l_*(q)$ である．$p = q = 1$ であれば $w_1 = w_2$ であるから $p, q \neq 1$ としてよい．さて，$\max\{L(w_1), L(w_1^{-1})\} =_{\text{lex}} \max\{L(w_2), L(w_2^{-1})\}$ は $L(w_1^{-1}) =_{\text{lex}} L(w_2^{-1})$ を示している．したがって，$w_1^{-1} = p^{-1}L(w_1)^{-1}$, $w_2^{-1} = q^{-1}L(w_1)^{-1}$ より $p^{-1} = q^{-1}$ を得る．よって，$w_1 = w_2$ となり，$\{w_1, w_1^{-1}\} =_M \{w_2, w_2^{-1}\}$ を得る．次に，$\min\{L(w_2), L(w_2^{-1})\} =_{\text{lex}} L(w_2^{-1})$ と仮定すると，同様の議論により，$w_1 = w_2^{-1}$ であることが分かり，$\{w_1, w_1^{-1}\} =_M \{w_2, w_2^{-1}\}$ を得る．$\min\{L(w_1), L(w_1^{-1})\} =_{\text{lex}} L(w_1^{-1})$ の場合もまったく同様である．ゆえに，$\leq_M$ は $\mathcal{W}(X)$ 上の順序である．

$W \subset \mathcal{W}(X)$ を空でない部分集合とする．$l := \min\{l_*(w) \mid \{w^{\pm 1}\} \in W\}$ とおき，

$$W' := \{\{w, w^{-1}\} \in W \mid l_*(w) = l\}$$

とおく．すると，W' は有限集合であるから $\{w, w^{-1}\} \in W'$ で，$L(w)$ もしくは $L(w^{-1})$ が $F(X)$ の辞書式順序で最小元となるものが存在する．このとき，$\{w, w^{-1}\}$ が $\mathcal{W}(X)$ の順序 $\leq_M$ に関する最小元である．ゆえに，$\leq_M$ は $\mathcal{W}(X)$ 上の整列順序である．□

したがって，$X = \{x_1, x_2, \ldots, x_n\}$ のとき，$\mathcal{W}(X)$ の元たちは，

$$
\begin{aligned}
\{1\} &<_M \{x_1^{\pm 1}\} <_M \{x_2^{\pm 1}\} <_M \cdots <_M \{x_n^{\pm 1}\} \\
&<_M \{(x_1 x_2^{-1})^{\pm 1}\} <_M \{(x_1 x_3^{-1})^{\pm 1}\} <_M \cdots <_M \{(x_1 x_n^{-1})^{\pm 1}\} \\
&<_M \{x_1^{\pm 2}\} <_M \{(x_1 x_2)^{\pm 1}\} <_M \cdots <_M \{(x_1 x_n)^{\pm 1}\} \\
&<_M \{(x_2 x_3^{-1})^{\pm 1}\} <_M \{(x_2 x_4^{-1})^{\pm 1}\} <_M \cdots <_M \{(x_2 x_n^{-1})^{\pm 1}\} \\
&<_M \{(x_2 x_1)^{\pm 1}\} <_M \{x_2^{\pm 2}\} <_M \cdots <_M \{(x_2 x_n)^{\pm 1}\} \\
&<_M \cdots
\end{aligned}
$$

のように一列に並べることができる．

定理 1.24 $\vec{U} = (u_1, u_2, \ldots, u_n) \in \mathcal{U}$ とする．このとき，$\vec{U}$ はあるニールセン変換によって N 既約な順序対に変形することができる．

証明. まず，$\vec{U}$ が (N2) を満たさなかったとする．すると，ある $i, j \geq 1$ で，以下のいずれかを満たすものがある．

(i) $l_*(u_i u_j) < l_*(u_i)$ または $l_*(u_j)$,
(ii) $l_*(u_i^{-1} u_j) < l_*(u_i)$ または $l_*(u_j)$,
(iii) $l_*(u_i u_j^{-1}) < l_*(u_i)$ または $l_*(u_j)$,
(iv) $l_*(u_i^{-1} u_j^{-1}) < l_*(u_i)$ または $l_*(u_j)$.

(i) の場合を考える．もし $i = j$ であれば $l_*(u_i^2) < l_*(u_i)$ となり，これは定理 1.8 に矛盾．よって，$i \neq j$．もし，$l_*(u_i u_j) < l_*(u_i)$ であれば，u_i を $u_i u_j$ に移すニールセン変換を考えることで，$\vec{U} = (u_1, u_2, \ldots, u_n)$ が $\vec{V} = (v_1, v_2, \ldots, v_n)$ に変形されたとすると，

$$\sum_{k=1}^{n} l_*(v_k) < \sum_{k=1}^{n} l_*(u_k)$$

となる．一方，$l_*(u_i u_j) \leq l_*(u_j)$ であれば，u_j を $u_i u_j$ に移すニールセン変換を考えることで，やはり上と同様のことが言える．さらに，(ii), (iii), (iv) の場合も同様である．つまり，(N2) が成り立たなければ，適当なニールセン変換を用いることで，U に含まれる元 $u_1, \ldots, u_n$ の長さの和を真に小さくできる．ゆえに，帰納的な議論により初めから $\vec{U}$ は (N2) を満たすと仮定してよい．さらに，$\vec{U}$ が (N1) を満たさないときは (T3) を繰り返し行うことで $\vec{U}$ が (N1) も

満たすようにできる．

そこで，$\vec{U}$ は (N1), (N2) を満たすとする．$u, v, w \in U^{\pm 1}$ に対して，$uv \neq 1$ かつ $vw \neq 1$ と仮定する．(N2) の条件より，$l_*(uv) \geq l_*(u)$ かつ $l_*(vw) \geq l_*(w)$ となっている．今，$u = x_{i_1}^{e_1} \cdots x_{i_s}^{e_s}$, $v = x_{j_1}^{f_1} \cdots x_{j_t}^{f_t}$ を既約表示とする．uv の既約表示を考える際に，v の消去される部分を $p = x_{j_1}^{f_1} \cdots x_{j_r}^{f_r}$ とすると，

$$l_*(uv) = s + t - 2r \geq s = l_*(u)$$

であるから，$r \leq t/2$ である．つまり，uv において v の消去される部分は v の左半分を超えない．同様に，vw において v の消去される部分は v の右半分を超えない．ゆえに，既約表示として $u = ap^{-1}$, $v = pbq^{-1}$, $w = qc$ なる形に書けることが分かる．

もし $b \neq 1$ であれば，$uvw = abc$ は既約表示であり，

$$\begin{aligned} l_*(uvw) &= l_*(a) + l_*(b) + l_*(c) = l_*(u) - l_*(v) + l_*(w) + 2l_*(b) \\ &> l_*(u) - l_*(v) + l_*(w) \end{aligned}$$

を得る．そこで，$b = 1$ とする．$l_*(uv) \geq l_*(u)$ より $l_*(a) + l_*(q) \geq l_*(a) + l_*(p)$ であり，$l_*(vw) \geq l_*(w)$ より $l_*(p) + l_*(c) \geq l_*(q) + l_*(c)$ であるから，$l_*(p) = l_*(q)$ を得る．よって，$l_*(uv) = l_*(u) = l_*(w)$ である．さらに (N2) の条件より，$l_*(uv) \geq l_*(v) = l_*(p) + l_*(q) = 2l_*(p)$ であるから，$l_*(p) \leq l_*(u)/2$ かつ $l_*(p) \leq l_*(w)/2$ であることが分かる．また，$p = q$ とすると $v = 1$ となり (N1) に矛盾するので，$p \neq q$ である．

さて，$p <_{\mathrm{lex}} q$ の場合を考えよう．$vw = pc$, $w = qc$（既約表示）であった．すると，$\{vw, (vw)^{-1}\} <_M \{w, w^{-1}\}$ が成り立つことが以下のようにして示される．$l_*(p) = l_*(q) \leq l_*(w)/2 = l_*(vw)/2$ に注意すると，

$$\begin{aligned} &L(vw) = pp', \quad L((vw)^{-1}) = L(c^{-1}), \quad L(w) = qq', \\ &L(w^{-1}) = L(c^{-1}) \text{（既約表示）} \end{aligned}$$

と書ける．まず，$L(vw) \geq_{\mathrm{lex}} L((vw)^{-1})$ の場合を考えると，$pp' \geq_{\mathrm{lex}} L(c^{-1})$ となるが，$q >_{\mathrm{lex}} p$ であるから，$qq' >_{\mathrm{lex}} L(c^{-1})$ となる．すなわち，

$$\min\{L(vw), L((vw)^{-1})\} =_{\text{lex}} \min\{L(w), L(w^{-1})\} = L(c^{-1})$$

である．一方，$L(vw) = pp' <_{\text{lex}} qq' = L(w)$ であるから，

$$\max\{L(vw), L((vw)^{-1})\} <_{\text{lex}} \max\{L(w), L(w^{-1})\}$$

となり，$\{vw, (vw)^{-1}\} <_M \{w, w^{-1}\}$ を得る．一方，$L(vw) <_{\text{lex}} L((vw)^{-1})$ の場合は，$pp' <_{\text{lex}} L(c^{-1})$, $pp' <_{\text{lex}} qq'$ より直ちに $\{vw, (vw)^{-1}\} <_M \{w, w^{-1}\}$ であることが分かる．ゆえに，どの場合についても $\{vw, (vw)^{-1}\} <_M \{w, w^{-1}\}$ が成り立つ．そこで，$w \in U$ であれば w を vw に写すようなニールセン変換を，$w^{-1} \in U$ であれば w^{-1} を $w^{-1}v^{-1}$ に写すニールセン変換を考える．

次に，$p >_{\text{lex}} q$ の場合についても同様に，$uv = aq^{-1}$, $u = ap^{-1}$ に注意して，$\{uv, (uv)^{-1}\} <_M \{u, u^{-1}\}$ が成り立つことが分かる．このときは，$u \in U$ であれば u を uv に写すようなニールセン変換を，$u^{-1} \in U$ であれば u^{-1} を $v^{-1}u^{-1}$ に写すニールセン変換を考える．ゆえに，どの場合であっても，上記の議論を繰り返して，$\vec{U}$ の各成分 u_i に対して，$\{u_i, u_i^{-1}\}$ の $W(X)$ における順序を真に小さくすることができる．ゆえに帰納的な議論によっていずれは (N3) を満たすようにできる[27]．ここで，上記の変換が (N1) および (N2) の条件を保つことを示そう．簡単のため，$p <_{\text{lex}} q$ なる場合の $w \in U$ を vw に写すようなニールセン変換について考える．他の場合も同様である．

27) より厳密には，$\vec{U}$ の各成分 u_i に対して，$\mathcal{W}(X)$ において $\{u_i^{\pm 1}\}$ 以下の元の個数を m_i とするとき，$m = m_1 + m_2 + \cdots + m_n$ に関する帰納法を用いればよい．

$\vec{U}$ に関する (N2) の条件より，$vw \neq 1$ であるから，明らかに (N1) は保たれている．そこで，$t \in U^{\pm 1}$ に対して，$t(vw) \neq 1$ とする．すると，$tv \neq 1$ であるから，$\vec{U}$ に関する (N2) の条件より，$l_*(tv) \geq l_*(t), l_*(v)$．同様に，$vw \neq 1$ であるから $l_*(vw) \geq l_*(v), l_*(w)$．したがって，上で u, v, w に対して用いた議論と同様にして，

$$t = \alpha\pi, \quad v = \pi^{-1}\beta q^{-1}, \quad w = qc$$

と書ける．このとき，$l_*(c) \geq l_*(q)$ および，$l_*(\beta q^{-1}) = l_*(\beta) + l_*(q) \geq l_*(\pi^{-1}) = l_*(\pi)$ より

$$\begin{aligned} l_*(tvw) &= l_*(\alpha) + l_*(\beta) + l_*(c) \geq l_*(\alpha) + l_*(\beta) + l_*(q) \\ &= l_*(\alpha) + l_*(\pi) = l_*(t) \end{aligned}$$

を得る．さらに，$l_*(\alpha) \geq l_*(\pi)$ および，$l_*(vw) = l_*(w)$ より，

$$l_*(tvw) = l_*(\alpha) + l_*(\beta) + l_*(c) \geq l_*(\pi) + l_*(\beta) + l_*(c) \geq l_*(vw)$$

であることも分かる．同様にして，$l_*(vwt) \geq l_*(vw), l_*(t)$ であることも分かる．

以上により，$\vec{U}$ をあるニールセン変換によって N 既約な順序対に変形することができる．□

定理 1.25 $\vec{U} \in \mathcal{U}$ を N 既約な順序対とする．各 $u \in U^{\pm 1}$ に対して，ある元 $a(u), m(u) \in F(X)$ $(m(u) \neq 1)$ が存在して，

$$u = a(u)m(u)a(u^{-1})^{-1} \quad \text{（既約表示）}$$

と表すことができ，さらに，$u_1, u_2, \ldots, u_k \in U^{\pm 1}$ に対して，

$$w = u_1 u_2 \cdots u_k, \quad u_i u_{i+1} \neq 1 \ (1 \leq i \leq k-1)$$

なる $F(X)$ の元を考えるとき，w の既約表示において $m(u_1), m(u_2), \ldots, m(u_k)$ は消去されずに残る．

証明． 各 $u \in U^{\pm 1}$ に対して u は既約表示されているとする．$vu \neq 1$ となる各 $v \in U^{\pm 1}$ に対して積 vu を考える．vu の既約表示を得る際に，消去される u の左側部分を $a_v(u)$ とし，$a_v(u)$ の中で一番長いものを $a(u)$ とおく．すると，(N2) の条件から $a(u)$ は u の左半分を超えない．同様に，u の右側部分である $a(u^{-1})^{-1}$ は u の右半分を超えない．したがって，$u = a(u)m(u)a(u^{-1})^{-1}$ と書ける．このとき，$m(u) \neq 1$ である．実際，(N3) の条件より

$$l_*(vuw^{-1}) > l_*(v) - l_*(u) + l_*(w)$$

である一方，$m(u) = 1$ とすると，$a(u) = a_v(u)$，$a(u^{-1}) = a_w(u^{-1})$ なる v, w に対して

$$l_*(vuw^{-1}) = l_*(va(u)a(u^{-1})^{-1}w^{-1}) \leq l_*(v) - l_*(u) + l_*(w)$$

となり矛盾である．

後半部分は $a(u_i)$ の定義から直ちに得られる．□

これより直ちに以下の系を得る．

系 1.26 $\vec{U} \in \mathcal{U}$ をＮ既約な順序対とする．$u_1, u_2, \ldots, u_k \in U^{\pm 1}$ に対して，

$$w = u_1 u_2 \cdots u_k, \quad u_i u_{i+1} \neq 1 \ (1 \leq i \leq k-1)$$

なる $F(X)$ の元を考えるとき，$l_*(w) \geq k$ である．

定理 1.27 $\vec{U} \in \mathcal{U}$ をＮ既約な順序対とする．$F(X)$ において U が生成する部分群 $\langle U \rangle$ は U を基底とする自由群である．

証明. 定理 1.17 と系 1.26 より明らか．□

以上より，本節の目的の一つである次の定理を得る．

定理 1.28（**ニールセン**）$F(X)$ において任意の有限生成部分群は自由群である[28]．

証明. $U \subset F(X)$ を有限集合とし，$\langle U \rangle$ を考える．定理 1.24 より，$\vec{U}$ はあるニールセン変換によってＮ既約な順序対 $\vec{V}$ に変換される．補題 1.21 より $\langle U \rangle = \langle V \rangle$ であり，定理 1.27 より直ちに求める結果を得る．□

次に，階数 n の自由群 F の，n 個の元からなる生成系は F の基底をなすことを示そう[29]．そのためにいくつか補題を用意する．

補題 1.29 (T1), (T2) 型のニールセン変換は可逆である．

証明. (T1) について．$\vec{U} = (u_1, u_2, \ldots)$ とし，ある $i \geq 1$ に対して，u_i を u_i^{-1} に写すニールセン変換を 2 回合成すれば $\vec{U}$ を $\vec{U}$ に写す恒等変換である．ゆえに，自分自身が逆変換である．

(T2) について．$\vec{U} = (u_1, u_2, \ldots)$ とし，$i \neq j \geq 1$ に対して，u_i を $u_i u_j$ に写すニールセン変換 σ を考える．この変換により $\vec{U}$ が $\vec{V} = (v_1, v_2, \ldots)$ に写されたとする．このとき，$v_k = u_k \ (k \neq i)$, $v_i = u_i u_j$ である．補題 1.20 より，v_i を $v_i v_j^{-1}$ に写すニールセン変換 τ が存在する．このとき，τ が σ の逆変換である．□

28) 実は有限生成という仮定はいらない．定理 3.8 参照．

29) これもベクトル空間が持つ性質と同様である．

補題 1.30 $U := \{u_1, u_2, \ldots\} \subset F(X)$ を基底とする．このとき，(T1), (T2) 型の $\vec{U}$ のニールセン変換は $F(X)$ 上の自己同型を誘導する．特に，このような変換は自由群の基底を基底に写す．

証明． (T1) について．自由群の普遍性より，ある $i \geq 1$ に対して，

$$u_j \mapsto \begin{cases} u_j & j \neq i, \\ u_i^{-1} & j = i \end{cases}$$

なる対応は $F(X)$ 上の自己準同型写像 $\iota_i : F(X) \to F(X)$ を誘導する．このとき，$\iota_i \circ \iota_i = \mathrm{id}_{F(X)}$ であるから，$\iota_i^{-1} = \iota_i$ であり ι_i は自己同型写像である．

(T2) について．自由群の普遍性より，$i \neq j \geq 1$ に対して，

$$u_k \mapsto \begin{cases} u_k & k \neq i, \\ u_i u_j & k = i \end{cases}$$

なる対応は $F(X)$ 上の自己準同型写像 $\sigma_{ij} : F(X) \to F(X)$ を誘導する．同様に，

$$u_k \mapsto \begin{cases} u_k & k \neq i, \\ u_i u_j^{-1} & k = i \end{cases}$$

なる対応は $F(X)$ 上の自己準同型写像 $\sigma'_{ij} : F(X) \to F(X)$ を誘導し，$\sigma_{ij} \circ \sigma'_{ij} = \sigma'_{ij} \circ \sigma_{ij} = \mathrm{id}_{F(X)}$ であるから，σ_{ij} は自己同型写像である．□

以上の補題より，次の定理が示される．

定理 1.31 $F(X)$ を $X = \{x_1, x_2, \ldots, x_n\}$ 上の自由群とする．$U \subset F(X)$ を $F(X)$ の生成系とする．

(1) $|U| \geq n$.
(2) $|U| = n$ であれば，U は $F(X)$ の基底である．すなわち，$F(U) = F(X)$.

証明． (1) $F(X)$ の正規部分群 $N := \langle w^2 \mid w \in F(X) \rangle$ を考える．任意の元 $u, v \in F(X)$ に対して，

$$[u, v] = uvu^{-1}v^{-1} = (uv)^2(v^{-1}u^{-1}v)^2 v^{-2}$$

であるから，N は $F(X)$ の交換子群 $[F(X), F(X)] := \langle [u, v] \mid u, v \in F(X) \rangle$ を含む．このとき，剰余群 $F(X)/N$ はアーベル群であり，任意の $[w] \in F(X)/N$ に対して，$[w]^2 = [w^2] = 1 \in F(X)/N$ である．ゆえに，$F(X)/N$ の各元は

$$[x_1^{e_1} x_2^{e_2} \cdots x_n^{e_n}] \quad (e_i = 0, 1)$$

なる形に書ける．そこで，もし $[x_1^{e_1} x_2^{e_2} \cdots x_n^{e_n}] = 1 \in F(X)/N$ であるとすると，$x_1^{e_1} x_2^{e_2} \cdots x_n^{e_n} \in N$ となり，

$$x_1^{e_1} x_2^{e_2} \cdots x_n^{e_n} = w_1^2 w_2^2 \cdots w_k^2 \quad (w_i \in F(X))$$

と書けるが，各 $1 \leq i \leq n$ に対して両辺の x_i 指数の和を考えれば，右辺は偶数であるから，$e_i = 0$ でなければならない．

以上のことは次のように言い換えられる．$F(X)/N$ の演算を加法的に表すとき，加法群は自然に $\mathbb{F}_2$ 上のベクトル空間とみなせる．すると，$x_1, x_2, \ldots, x_n$ はその生成系であり，

$$e_1 x_1 + \cdots + e_n x_n = 0 \quad \Longrightarrow \quad e_1 = e_2 = \cdots = e_n = 0$$

より，$x_1, x_2, \ldots, x_n$ が $F(X)/N$ の $\mathbb{F}_2$ 上のベクトル空間としての基底であることが分かる．ゆえに，$\dim_{\mathbb{F}_2}(F(X)/N) = n$ である．

さて，U が $F(X)$ の生成系であれば，U の N に関する剰余類たちは $\mathbb{F}_2$ 上のベクトル空間 $F(X)/N$ を生成する．したがって，ベクトル空間の次元に関する性質より $|U| = |[U]| \geq n$ でなければならない．

(2) $\vec{V}$ を $\vec{U}$ に適当なニールセン変換を施して得られる N 既約な順序対とする．このとき，$\langle V \rangle = \langle U \rangle = F(X)$ であり，V は $F(X)$ の基底であるから，$|V| = n$ である．すなわち，$|U| = |V|$ である．ゆえに，$\vec{U}$ から $\vec{V}$ への基本ニールセン変換の列は (T3) 型の変換を含まない．したがって，補題 1.29 より，$\vec{V}$ から $\vec{U}$ への基本ニールセン変換の列が存在する．補題 1.30 より，(T1), (T2) 型の基本ニールセン変換は自由群の基底を基底に写すから，U は $F(X)$ の基底である．□

線型代数学で，次元が等しいベクトル空間の間の全射線型写像は

同型写像である[30]ことを学んだが，それと同様のことが自由群についても成り立つことを示そう．

[30] 自由アーベル群についても同様のことが成り立つ．

定義 1.32 (Hopfian) G を群とする．任意の全射準同型写像 $\varphi : G \to G$ が同型写像となるとき G は **Hopfian** [31] であるという．

[31] 数学者 Hopf（ホップ）にちなんだもの．Hopfian はホフィアンと発音する．

定理 1.33 有限生成自由群は Hopfian である．

証明. $F(X)$ を有限集合 X 上の自由群とする．$\varphi : F(X) \to F(X)$ を全射準同型写像とするとき，$\varphi(X)$ は $F(X)$ を生成するので，定理 1.31 の (1) により，$|\varphi(X)| \geq |X|$ である．一方，写像の性質から明らかに $|\varphi(X)| \leq |X|$ であるから，$|\varphi(X)| = |X|$ である．よって，定理 1.31 の (2) により，$\varphi(X)$ は $F(X)$ の基底である．したがって，自由群の普遍性から φ の逆写像が構成できるので，φ は同型写像である．□

この節の最後に，自由群の元の可換性について述べる．自由群において，非自明な二つの元が交換可能であれば，どちらもある元のベキ乗の形でなければならない．より一般に，次のことが成り立つ．

定理 1.34 $F(X)$ を X 上の自由群とする．

(1) $v, w \in F(X)$, $v, w \neq 1$ とする．ある $m, n \in \mathbb{N}$ に対して，$v^m w^n = w^n v^m$ が成り立てば，ある元 $u \in F(X)$ が存在して，$v, w \in \langle u \rangle$ となる．

(2) $v, w \in F(X)$, $v, w \neq 1$ とする．ある $m, n \in \mathbb{Z} \setminus \{0\}$ に対して，$v^m = w^n$ が成り立てば，ある元 $u \in F(X)$ が存在して，$v, w \in \langle u \rangle$ となる．

証明. (1) $F(X)$ の部分群 $\langle v, w \rangle$ を考える．これは，階数が高々 2 の自由群である．階数が 2 であれば，定理 1.31 の (2) により，$\{v, w\}$ は自由群 $\langle v, w \rangle$ の基底である．このとき，$v^m w^n = w^n v^m$ なる式は成り立たない．ゆえに，$\langle v, w \rangle$ は階数 1 の自由群である．すなわち，ある $u \in F(X)$ が存在して $\langle v, w \rangle = \langle u \rangle$ となる．

(2) $v^m = w^n$ とすると $v^m w^n = w^n v^m$ であるから (1) より直ちに求める結果を得る．□

この定理を用いて，階数が2以上の自由群の中心が自明であるという次の定理が導かれる．

定理 1.35 $F(X)$ を X 上の自由群とする．

(1) $w \in F(X)$ を $w \neq 1$ なる元とする．このとき，$\{w\}$ の $F(X)$ における中心化群 $C_{F(X)}(\{w\})$ と，$\langle w \rangle$ の $F(X)$ における正規化群 $N_{F(X)}(\langle w \rangle)$ は一致し，無限巡回群となる．

(2) $|X| \geq 2$ のとき，$F(X)$ の中心 $Z(F(X))$ は自明である．

証明．(1) 明らかに $C_{F(X)}(\{w\}) \subset N_{F(X)}(\langle w \rangle)$ である．そこで，$v \in N_{F(X)}(\langle w \rangle)$ とする．このとき，$\iota_v : F(X) \to F(X)$ を $x \mapsto v^{-1}xv$ なる $F(X)$ の内部自己同型写像とする．このとき，ι_v の $\langle w \rangle$ への制限も同型写像である．したがって，$v^{-1}wv$ は $\langle w \rangle$ の生成元でなければならず，$v^{-1}wv = w^{\pm 1}$ である．もし $v^{-1}wv = w^{-1}$ となったとすると補題 1.10 に矛盾するので，$v^{-1}wv = w$，すなわち $wv = vw$ である．ゆえに $v \in C_{F(X)}(\{w\})$ を得る．

次に，$a, b \in C_{F(X)}(\{w\})$, $a, b \neq 1$ とする．すると，$aw = wa$, $bw = wb$ であるから定理 1.34 の (1) よりある $c_1, c_2 \in F(X)$ が存在して，$a = c_1^{e_1}$, $w = c_1^{e_2} = c_2^{d_1}$, $b = c_2^{d_2}$ と書ける．よって，定理 1.34 の (2) よりある $u \in F(X)$ が存在して $c_1, c_2 \in \langle u \rangle$ となる．ゆえに，$a, b \in \langle u \rangle$ となり，a, b は可換である．すなわち，$C_{F(X)}(\{w\})$ はアーベル群である．特に，$w \in C_{F(X)}(\{w\})$ であるから $C_{F(X)}(\{w\})$ は非自明なアーベル群であり自由群でもある．したがって，$C_{F(X)}(\{w\})$ は一つの元で生成される無限巡回群である．

(2) $X = \{x_1, x_2, \ldots\}$ とし，$a \in Z(F(X))$ とする．$ax_1 = x_1a$ より，ある元 $u \in F(X)$ が存在して $a = u^{e_1}$, $x_1 = u^{e_2}$ と書けるが，語の長さを考えると，$u = x_1^{\pm 1} (e_2 = \mp 1)$ でなければならない．よって，$a = x_1^e$ と書けることが分かる．同様に，$ax_2 = x_2a$ より，$a = x_2^f$ と書ける．したがって，$x_1^e = x_2^f$ となるが，これが $F(X)$ において成り立つのは $e = f = 0$ のときしかない．したがって，$a = 1$ である．ゆえに，$F(X)$ の中心は自明である．□

1.3 問題

問題 1.1 $W(X)$ の関係 $\sim$ が同値関係であることを示せ．また，$v, v', w, w' \in W(X)$ に対して，

$$v \sim v',\ w \sim w' \implies vw \sim v'w'$$

が成り立つことを示せ．

解答. v を v' に変形する基本変換の列，および w を w' に変形する基本変換の列をそれぞれ，

$$v = v_1, v_2, \ldots, v_m = v', \qquad w = w_1, w_2, \ldots, w_n = w'$$

とする．このとき

$$vw = v_1w, v_2w, \ldots, v_mw = v'w = v'w_1, v'w_2, \ldots, v'w_n = v'w'$$

は vw を $v'w'$ に変形する基本変換の列である．□

問題 1.2 $X = \{x_1, x_2, x_3\}$ とし，$v = x_1x_2x_2^{-1}$, $w = x_3^{-1}x_1^{-1}x_1x_2 \in W(X)$ とする．

(1) v, w と同値な既約語をそれぞれ求めよ．
(2) $l_*(v)$, $l_*(w)$ を求めよ．

解答. (1) $\overline{v} = x_1$ である．実際，v が x_1 と同値なことは明らか．そこで，x_1 が基本変形によってこれ以上語の長さが短くならないことを示せばよい．今，$l(x_1) = 1$ であるから，もし長さが短くなるとすれば 0 になるしかない．すなわち，x_1 が空語と同値ということになる．一般に，基本変形は $x_i^{\pm1}x_i^{\mp1}$ なる形の元を挿入・削除する操作であるから，v と同値な語 v' に対して，$l(v)$ と $l(v')$ の偶奇は一致する．ゆえに，$v \sim 1$ となることはない．よって，$\overline{v} = x_1$.

一方，$\overline{w} = x_3^{-1}x_2$ である．実際，w が $x_3^{-1}x_2$ と同値なことは明らか．もしこれ以上長さが短くなるのであれば，$l(x_3^{-1}x_2) = 2$ であるから，上に述べたことから $x_3^{-1}x_2$ が空語と同値ということになる．一般に，$v \sim v'$ のとき，各 $1 \leq i \leq 3$ に対して，v に現れる x_i の指

数和と，v' に現れる x_i の指数和は等しい．今，x_3 について考えれば，$x_3^{-1}x_2$ における x_3 の指数和は -1 であり，1 における x_3 の指数和は 0 であるので，$w \sim 1$ となることはない．よって，$\overline{w} = x_3^{-1}x_2$.
(2) (1) より，$l_*(v) = 1$，$l_*(w) = 2$ である．□

問題 1.3 $X := \{x_1, \ldots, x_n\}$ 上の自由群 $F(X)$ において，長さが $r > 0$ の既約語はいくつあるか．

解答． $w = x_{i_1}^{e_1} \cdots x_{i_r}^{e_r}$ $(e_j = \pm 1)$ を既約語とする．考えられる w の場合の数を数えればよい．まず，$x_{i_1}^{e_1}$ のとりうる場合の数は，i_1 のとりうる n 通りと，e_1 のとりうる 2 通りを考えて $2n$ 通り．次に，$x_{i_2}^{e_2}$ とりうる場合の数は，$x_{i_1}^{-e_1}$ 以外の $2n-1$ 通りである．以下同様にして，長さが r の既約語の総数は，$2n(2n-1)^{r-1}$ 個である．□

問題 1.4 $X := \{x_1, x_2\}$ とし，$F(X)$ を X 上の自由群とする．$Y := \{x_1x_2, x_2\}$ とおくとき，Y も $F(X)$ の基底であることを示せ．

解答． $F(X)$ から $F(X)$ への準同型写像 φ, ψ をそれぞれ

$$\begin{cases} x_1 \mapsto x_1x_2, \\ x_2 \mapsto x_2, \end{cases} \qquad \begin{cases} x_1 \mapsto x_1x_2^{-1}, \\ x_2 \mapsto x_2, \end{cases}$$

によって定める．すると，$\varphi \circ \psi = \psi \circ \varphi = \mathrm{id}_{F(X)}$ であるから，φ, ψ は $F(X)$ 上の自己同型写像である．特に，$\psi(Y) = X$ であるから Y は $F(X)$ の基底である．
別解． 定理 1.31 を用いて解くこともできる．今，$H := \langle Y \rangle \subset F(X)$ とおくと，$x_1 = (x_1x_2)x_2^{-1}$, $x_2 \in H$ であるから，$H = F(X)$ である．つまり，Y は $F(X)$ の生成系である．$F(X)$ の階数は 2 であるから，定理 1.31 より Y は $F(X)$ の基底である．□

問題 1.5 G_1, G_2, H を群とする．$G_1 \cong G_2$ であれば

$$|\mathrm{Hom}(G_1, H)| = |\mathrm{Hom}(G_2, H)|$$

であることを示せ．

解答． $\varphi : G_1 \to G_2$ を同型写像とする．写像 $\Phi : \mathrm{Hom}(G_1, H) \to$

$\mathrm{Hom}(G_2, H)$, $\Psi : \mathrm{Hom}(G_2, H) \to \mathrm{Hom}(G_1, H)$ をそれぞれ,

$$\Phi(f) = f \circ \varphi^{-1}, \quad \Psi(g) = g \circ \varphi$$

によって定める．すると，$\Psi = \Phi^{-1}$ であり，Φ, Ψ は全単射である．よって求める結果を得る．□

問題 1.6 G を群とし，ある正規部分群 N で，その剰余群 $F := G/N$ が自由群であるとする．このとき，G のある部分群 H で，

$$H \cong F, \ N \cap H = \{1_G\}, \ G = NH$$

となるものが存在することを示せ[32]．

[32] G が N と F の半直積 $N \rtimes H$ に同型ということにほかならない．

解答. $\pi : G \to F$ を自然な商写像とする．F の基底を X とする．各 $x \in X$ に対して，π の全射性から，ある $y \in G$ で $\pi(y) = x$ となるものが取れる．このとき，自由群 F の普遍性から準同型写像 $s : F \to G$ で，$x \mapsto y$ となるものが存在する．そこで，$H := \mathrm{Im}(s)$ とおく．これが求めるものであることを示そう．

まず，$\pi \circ s = \mathrm{id}_F$ であるから s は単射である．よって，s は同型であり，$H \cong F$．また，$z \in N \cap H$ とすると，ある $w \in F$ が存在して，$z = s(w)$ となる．このとき，$1_F = \pi(z) = \pi(s(w)) = w \in F$ となるので，$z = s(1_F) = 1_G$ である．よって，$N \cap H = \{1_G\}$．さて，任意の $g \in G$ に対して，$\pi(g) = \pi((s \circ \pi)(g))$ であるから，$n := (s(\pi(g)))g^{-1}$ とおくと $n \in N$ であり，$g = n^{-1}s(\pi(g)) \in NH$ となる．よって，$G = NH$ である．□

問題 1.7 G が有限群であるとき，G は Hopfian であることを示せ．

解答. もし，G が Hopfian でなければ，ある全射準同型 $f : G \to G$ で同型写像でないものが存在する．このとき，$\mathrm{Ker}(f) \neq \{1_G\}$ となり，準同型定理より $G \cong G/\mathrm{Ker}(f)$ となるが，群の位数に関するラグランジュの定理よりこれは不可能である．ゆえに，G は Hopfian である．□

問題 1.8 $X := \{x, y\}$ 上の自由群 $F(X)$ において，既約表示が偶数の長さの既約語であるような元全体の集合を H とおくと，H は

$F(X)$ の部分群になる．このとき，以下を示せ．

(1) H は，$a := x^2, b := xy, c := xy^{-1}$ によって生成される．

(2) H は，$Y := \{a, b, c\}$ を基底とする階数 3 の自由群である．

解答． $H' := \langle a, b, c\rangle$ とおく．$w \in H$, $w \neq 1$ とする．w の左端が $x^{\pm 1}$ のとき，w は $x^{\pm 2}w'$, $xy^{\pm}w'$, $x^{-1}y^{\pm 1}w'$ のいずれかの形をしている．そこで，w に左から $a^{\mp 1}$, b^{-1}, c^{-1}, $b^{-1}a$, $c^{-1}a$ のいずれかをかけることで，w の語を短くすることができる．w の左端が y のときも，$c^{-1}b = y^2$ となることに注意すれば，同様の議論により，w に左から H' の元をかけることで w の語を短くすることができる．以下これを繰り返すことで，最終的に w を 1 に変形できる．すなわち，$w \in H'$ であることが分かる．よって，$H' = H$ である．

$Y := \{a, b, c\}$ とおく．$Y \cap Y^{-1} = \emptyset$ である．さらに，$w = w_1 w_2 \cdots w_k$ $(w_i \in Y^{\pm 1})$ を，各 $1 \leq i \leq k-1$ について $w_i w_{i+1} \neq 1$ なる元とする．すると，$w_i w_{i+1} \neq 1$ $(1 \leq i \leq k-1)$ であるから，w の x, y に関する既約表示において，各 $a = x^2, b = xy, c = xy^{-1}$ の右側の文字，および $a^{-1} = x^{-2}, b^{-1} = y^{-1}x^{-1}, c^{-1} = yx^{-1}$ の左側の文字は消去されずに残る．ゆえに，$l_*(w) \geq k$ である．これは，$w \neq 1 \in F_n$ であることを示している．ゆえに，定理 1.17 により，$H = \langle Y\rangle$ は Y 上の自由群である．□

2 群の表示

「まえがき」でも述べたように，群が与えられたとき，何をもってその群が“分かった”と言えるだろうか．たとえば，“目で見て分かりたい”というようなことを問うならば，群の演算表を書き下すという方法が考えられる．しかし，演算表を眺めただけでは，どのような部分群がどれだけあるかはすぐには分からないし，その群がどういう集合に作用するかといった情報も分からない．何より，無限群には適用できない．群を調べる際には，どういうことが求められているのかということを常に意識して，その助けとなる情報を可能な限りスムーズに引き出すための方法を考察することが大切である．

本章では，群の生成元とその間の関係式について解説する．たとえば，群がある集合に作用している場合，その群の生成元が分かるだけでも，固定点や軌道の計算ができる．さらに，関係式が分かると，本質的に異なる群の作用がどれだけあるかを完全に決定できる．これだけを考えても，関係式が強力な道具であることが分かる．また，群の表示が分かればその群の種々の不変量を計算することができ，位相幾何学的な応用を考える上でも非常に重要である．

2.1 群の表示の基本性質

定義 2.1 (群の表示) G を群とし，G の生成元の集合 $S := \{s_\lambda\}_{\lambda\in\Lambda}$ が与えられているとする．S と一対一対応がつく集合 $X := \{x_\lambda\}_{\lambda\in\Lambda}$ を考え，X 上の自由群を $F(X)$ とし，対応 $x_\lambda \mapsto s_\lambda$ により定まる全射準同型を $\varphi : F(X) \to G$ とする．

今，$R = \{r_\mu\}_{\mu \in \Lambda'}$ を $\mathrm{Ker}(\varphi)$ の部分集合であって，$\mathrm{Ker}(\varphi)$ は R に属する元の共役元たちで生成されているとする．すなわち，

$$\mathrm{Ker}(\varphi) = \langle\, x r_\mu x^{-1} \mid x \in F(X),\ \mu \in \Lambda' \rangle$$

となっているとする．このとき，

$$G = \langle\, X \mid R \,\rangle$$

と書いて，これを G の**表示** (presentation) という．特に，表示 $\langle\, X \mid R \,\rangle$ は X が有限集合のとき**有限生成** (finitely generated) といい，R が有限集合のとき**有限関係** (finitely related) という．さらに，X, R ともに有限集合のとき**有限表示** (finite presentation) という．X，R の元をそれぞれ，表示 $\langle\, X \mid R \,\rangle$ の**生成元** (generator)，**関係子** (relator) という．

注意 2.2 定義から容易に推測されるように，与えられた群に対してその表示は一意的でない．生成元の取り方にも，関係子の取り方にもよる．たとえば自明な例として，単位群 $G = \{1\}$ は

$$G = \langle x \mid x \rangle = \langle x, y \mid x, y \rangle$$

のように表される．しかしながら，一般に，群に一つでも表示が与えられるとその群の様々な性質を調べることができるという意味で得られるものは大変多い．

自由群 $F(X)$ は $\langle\, X \mid 1 \,\rangle$ なる表示を持つ群とみなせる．すなわち，非自明な関係子を一つも持たない表示を持つ群である．

定義 2.3（正規閉包） 一般に，群 G と部分集合 $T \subset G$ に対して，T とその共役元たちで生成される G の部分群

$$\langle\, x t x^{-1} \mid x \in G,\ t \in T \rangle$$

を G における T の**正規閉包** (normal closure) といい，$\mathrm{NC}_G(T)$ と表す[33]．

[33] あまり一般的な記号ではない．本書の中で便宜的に使用する記号である．

注意 2.4 群の表示 $G = \langle X \mid R \rangle$ において，F を X 上の自由群，$\varphi : F \to G$ を自然な写像とするとき，$\mathrm{Ker}(\varphi) = \mathrm{NC}_F(R)$ である．

このとき，準同型定理より φ は同型写像 $\widetilde{\varphi}\colon F/\mathrm{NC}_F(R) \to G$ を誘導する．この標準的な同型写像によって，しばしば，$F/\mathrm{NC}_F(R)$ と G を同一視することがある．

注意 2.5 表示 $\langle X \mid R\rangle$ において，関係子 r を書く代わりに $r=1$ と書くことがある．より一般に，r が $r=ab^{-1}$ $(a,b\in F)$ と書けるとき，r の代わりに $a=b$ と表すこともある．この場合，関係子ではなく，**関係式** (relation) と呼ばれる．たとえば，

$$\langle x,y \mid xyx^{-1}y^{-1}\rangle = \langle x,y \mid xyx^{-1}y^{-1}=1\rangle = \langle x,y \mid xy=yx\rangle$$

である．

補題 2.6 群 G と部分集合 $T\subset G$ に対して，$\mathrm{NC}_G(T)$ は，G において T を含む最小の正規部分群である．

証明． まず定義から，$\mathrm{NC}_G(T)$ が T を含むことは明らか．一方，任意の

$$g=(x_1t_1^{e_1}x_1^{-1})(x_2t_2^{e_2}x_2^{-1})\cdots(x_kt_k^{e_k}x_k^{-1})\in \mathrm{NC}_G(T),$$
$$(x_i\in G,\ t_i\in T,\ e_i=\pm 1)$$

と任意の $h\in G$ に対して，

$$hgh^{-1}=(hx_1t_1^{e_1}x_1^{-1}h^{-1})(hx_2t_2^{e_2}x_2^{-1}h^{-1})\cdots(hx_kt_k^{e_k}x_k^{-1}h^{-1})$$
$$\in \mathrm{NC}_G(T)$$

となるので，$\mathrm{NC}_G(T)$ は G の正規部分群である．

次に，N を $T\subset N$ なる G の任意の正規部分群とするとき，任意の $t\in T$ と任意の $x\in G$ に対して，$xt^{\pm 1}x^{-1}\in N$ となる．したがって，このような元の有限個の積たちも N に属する．これは $\mathrm{NC}_G(T)\subset N$ であることを示している．ゆえに，$\mathrm{NC}_G(T)$ は T を含む最小の部分群である．□

例 2.7（巡回群の表示）$n\geq 2$ とし，位数が n の巡回群 $C_n := \{1,s,s^2,\ldots,s^{n-1}\}$ を考える．このとき，C_n は以下のような表示を持つ．

$$C_n = \langle x \mid x^n \rangle.$$

実際, F を $\{x\}$ 上の自由群とし, $\varphi : F \to C_n$ を $x \mapsto s$ によって定まる全射準同型写像とする．自由群 F は x が生成する無限巡回群である．明らかに，$x^n \in \mathrm{Ker}(\varphi)$ である．したがって，$\mathrm{NC}_F(x^n) \subset \mathrm{Ker}(\varphi)$ となる．一方，$y \in \mathrm{Ker}(\varphi)$ とする．すると，ある $m \in \mathbb{Z}$ に対して $y = x^m$ と書ける．このとき, $s^m = 1 \in C_n$ であるから, $n|m$ となり, $m = nk$ となる $k \in \mathbb{Z}$ が存在する．よって，$y = (x^n)^k \in \mathrm{NC}_F(x^n)$ となる．ゆえに，$\mathrm{Ker}(\varphi) = \mathrm{NC}_F(x^n)$ となる．

定理 2.8（与えられた表示を持つ群の存在） 生成元とその間の関係を任意に与えた表示 $\langle X \mid R \rangle$ を持つ群が存在する．

証明．X 上の自由群 $F(X)$ を考え，R の正規閉包 $\mathrm{NC}_{F(X)}(R)$ による剰余群 $F(X)/\mathrm{NC}_{F(X)}(R)$ を考えればよい．以下のように具体的な構成を考えることもできる．

X 上の語の集合 $W(X)$ を思い出そう．任意の二つの語に対して，それらを並べてできる語を考えることで $W(X)$ には積が定義されていた．$W(X)$ 上の基本変形 (E1), (E2) の他に次のような操作を考える．

(E3) w の文字列の中に, r または $r^{-1}(r \in R)$ なる部分があるとき，これを取り除く．

(E4) (E3) の逆．すなわち，w の文字列の 1 か所に r または $r^{-1}(r \in R)$ を挿入する．

$W(X)$ に関係 $\sim_R$ を

$$v \sim_R w \Longleftrightarrow v \text{ に有限回（0 回も含む）の (E1)〜(E4) を施すことで } w \text{ に変形できる．}$$

で定める．すると，明らかに $\sim_R$ は $W(X)$ 上の同値関係である．さらに,

$$v \sim_R v',\ w \sim_R w' \implies vw \sim_R v'w'$$

が成り立つことも明らかである．したがって，上で定めた $W(X)$ 上の積は $W(X)/\sim_R$ 上の積を誘導する．すなわち，$W(X)$ における

$w \in W(X)$ の属する同値類を $[w]_R$ と書くことにすれば，

$$[v]_R \cdot [w]_R := [vw]_R$$

によって，$W(X)/\sim_R$ 上に積が定義される．この積に関して $W(X)/\sim_R$ が群になることが $F(X)$ の場合と同様に示される．

このとき，

$$F(X)/\mathrm{NC}_{F(X)}(R) \cong W(X)/\sim_R$$

となる．実際，準同型写像 $\varphi : F(X) \to W(X)/\sim_R$ を対応 $[x] \mapsto [x]_R$ $(x \in X)$ によって定めると，これは全射であり，明らかに $\mathrm{NC}_{F(X)}(R) \subset \mathrm{Ker}(\varphi)$ となる．そこで，任意の $[w] \in \mathrm{Ker}(\varphi)$ をとる．すると，w に有限回 (E1)〜(E4) を施すことで 1 に変形できる．(E3) の操作について考える．一般に，$v = ar^{\pm 1}b$ を $v' = ab$ に置き換える操作は

$$v' = ab = (ar^{\pm 1}b)(b^{-1}r^{\mp 1}b) = v(b^{-1}r^{\mp 1}b)$$

のように，v に右から $\mathrm{NC}_{F(X)}(R)$ の元 $(b^{-1}r^{\mp 1}b)$ を乗じることで得られる．同様に (E4) の操作についても，$v = ab$ を $v' = ar^{\pm 1}b$ に置き換える操作は，v に右から $b^{-1}r^{\pm 1}b \in \mathrm{NC}_{F(X)}(R)$ を乗じることで得られる．したがって，ある元 $s \in \mathrm{NC}_{F(X)}(R)$ が存在して $ws = 1$ となることが分かる．すなわち，$w = s^{-1} \in \mathrm{NC}_{F(X)}(R)$ である．よって，準同型定理から求める結果を得る．□

定理 2.9 任意の群 G は表示を持つ[34]．

[34] この定理は，単に表示の存在を述べているだけであり，R は無限集合となる．一般に，無限群が有限表示を持つかどうかは非常に難しい問題である．

証明． 定理 1.16 より，G はある自由群 $F(X)$ からの全射準同型写像の像になっている．この全射準同型を $\varphi : F \to G$ とおく．このとき，$R := \mathrm{Ker}(\varphi)$ とおけば，$G = \langle X \mid R \rangle$ である．□

自由群に普遍性があったように，表示が与えられた群にもある種の普遍性[35]がある．

[35] この性質により，表示が与えられた群からの準同型写像がどれだけあるかを完全に決定できる．

定理 2.10（表示を持つ群の普遍写像性質）$G = \langle X \mid R \rangle$ を表示が与えられた群とする．群 H と写像 $f : X \to H$ で次の性質を満たすものを考える．

- H は $\mathrm{Im}(f)$ で生成されている．
- 各 $r \in R$ に対して，$r = x_1^{e_1} x_2^{e_2} \cdots x_k^{e_k}$ $(x_i \in X, e_i = \pm 1)$ とするとき，

$$f(x_1)^{e_1} f(x_2)^{e_2} \cdots f(x_k)^{e_k} = 1 \in H$$

を満たす．

このとき，ある群準同型写像 $\overline{f} : G \to H$ で以下の図式が可換となるものが一意的に存在する．

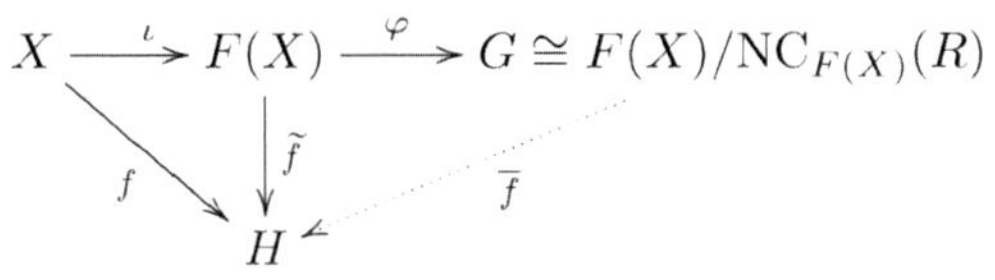

$$\begin{array}{ccccc} X & \xrightarrow{\iota} & F(X) & \xrightarrow{\varphi} & G \cong F(X)/\mathrm{NC}_{F(X)}(R) \\ & \searrow^{f} & \downarrow \widetilde{f} & \swarrow^{\overline{f}} & \\ & & H & & \end{array}$$

ここで，$\iota : X \to F(X)$ は自然な包含写像，$\widetilde{f}$ は定理 1.11 で考えた写像である．

証明．自由群の普遍性により，f の拡張である準同型写像 $\widetilde{f} : F(X) \to H$ が存在する．さらに，仮定より $R \subset \mathrm{Ker}(\widetilde{f})$ であるので，$\mathrm{NC}_{F(X)}(R) \subset \mathrm{Ker}(\widetilde{f})$ である．ゆえに，$\widetilde{f}$ は全射準同型 $\widetilde{f}' : F(X)/\mathrm{NC}_{F(X)}(R) \to H$ を誘導する．そこで，標準的な同型写像 $\widetilde{\varphi} : F(X)/\mathrm{NC}_{F(X)}(R) \to G$ に対して，$\overline{f} := \widetilde{f}' \circ \widetilde{\varphi}^{-1} : G \to H$ とおけばよい．さらに，$\overline{f}$ の像は $[x]$ $(x \in X)$ たちの像 $\overline{f}([x]) = f(x)$ で完全に決まってしまうので，$\overline{f}$ は f に対して一意的に定まる．□

次に，表示が与えられた群の剰余群や直積群の表示について考えよう．

定理 2.11（表示群の剰余群）$G = \langle X \mid R \rangle$ を表示が与えられた群とし，$S \subset G$ を X に対応する G の生成系とする．N を G の正規部分群で，ある $T \subset G$ に対して $\mathrm{NC}_G(T)$ となっているとする．このとき，

$$\begin{aligned} T' := \{ & x_{\lambda_1}^{e_1} x_{\lambda_2}^{e_2} \cdots x_{\lambda_r}^{e_r} \in F(X) \mid s_{\lambda_1}^{e_1} s_{\lambda_2}^{e_2} \cdots s_{\lambda_r}^{e_r} \in T,\ s_{\lambda_i} \\ & \in S,\ e_i = \pm 1 \} \subset F(X) \end{aligned}$$

とおくと，$G/N = \langle X \mid R \cup T' \rangle$ である．

証明. $\varphi : F(X) \to G$ を標準的な全射準同型とする．これと，自然な全射 $G \to G/N$ との合成を $\psi : F(X) \to G/N$ とおく．明らかに $\mathrm{NC}_{F(X)}(R \cup T') \subset \mathrm{Ker}(\psi)$ である．そこで，$w \in \mathrm{Ker}(\psi)$ とする．すると，$\varphi(w) \in N$ であるから

$$\varphi(w) = (a_1 t_1 a_1^{-1})^{f_1} (a_2 t_2 a_2^{-1})^{f_2} \cdots (a_k t_k a_k^{-1})^{f_k}$$
$$t_i \in T,\ f_i = \pm 1,\ a_i \in F(X)$$

と書ける．そこで，各 $1 \le i \le k$ に対して

$$t_i = s_{\lambda_{i1}}^{e_{i1}} s_{\lambda_{i2}}^{e_{i2}} \cdots s_{\lambda_{ir_i}}^{e_{ir_i}} = \varphi(x_{\lambda_{i1}}^{e_{i1}} x_{\lambda_{i2}}^{e_{i2}} \cdots x_{\lambda_{ir_i}}^{e_{ir_i}})$$
$$a_i = s_{\mu_{i1}}^{c_{i1}} s_{\mu_{i2}}^{c_{i2}} \cdots s_{\mu_{il_i}}^{c_{il_i}} = \varphi(x_{\mu_{i1}}^{c_{i1}} x_{\mu_{i2}}^{c_{i2}} \cdots x_{\mu_{il_i}}^{c_{il_i}})$$

とし，$t_i' := x_{\lambda_{i1}}^{e_{i1}} x_{\lambda_{i2}}^{e_{i2}} \cdots x_{\lambda_{ir_i}}^{e_{ir_i}} \in T'$，$a_i' := x_{\mu_{i1}}^{c_{i1}} x_{\mu_{i2}}^{c_{i2}} \cdots x_{\mu_{il_i}}^{c_{il_i}} \in F(X)$ とおく．すると，

$$w((a_1' t_1' (a_1')^{-1})^{f_1} (a_2' t_2' (a_2')^{-1})^{f_2} \cdots (a_k' t_k' (a_k')^{-1})^{f_k})^{-1} \in \mathrm{Ker}(\varphi)$$
$$= \mathrm{NC}_{F(X)}(R)$$

である．ゆえに，$w \in \mathrm{NC}_{F(X)}(R \cup T')$ であることが分かる．よって，$\mathrm{Ker}(\psi) = \mathrm{NC}_{F(X)}(R \cup T')$ を得る．□

この定理の応用の一つとして，表示が与えられた群のアーベル化[36] について考えてみよう．

[36] 詳細は，本大学数学スポットライト・シリーズの拙著[5] を参照していただきたい．

定義 2.12（交換子群，アーベル化）G を群とする．任意の元 $x, y \in G$ に対して，$[x, y] := xyx^{-1}y^{-1}$ を x と y の**交換子** (commutator) という．G 内の交換子すべてで生成される部分群

$$[G, G] := \langle\, [x, y] \in G \mid x, y \in G \rangle \le G$$

を G の**交換子群** (commutator subgroup) という．

G の交換子群 $[G, G]$ による剰余群 $G/[G, G]$ を，G の**アーベル化** (abelianization) といい，G^{ab} と表す[37]．

[37] 端的に言えば，与えられた群に最も構造的に "近い" アーベル群のことである．

補題 2.13 $G := \langle x_1, x_2, \ldots, x_n \rangle$. とする．このとき，$G$ の交換子群は正規部分群として $T := \{[x_i, x_j] \mid 1 \le i \ne j \le n\}$ で生成される．すなわち，$[G, G] = \mathrm{NC}_G(T)$.

証明. 一般に, 任意の $z \in G$ に対して, $z[x_i, x_j]z^{-1} = [zx_iz^{-1}, zx_jz^{-1}] \in [G,G]$ であるから, $\mathrm{NC}_G(T) \subset [G,G]$. 一方, $[x,y]^{-1} = [y,x]$ に注意すると, $[G,G]$ の各元は G の交換子たちの積として書ける. よって, G の任意の交換子が $\mathrm{NC}_G(T)$ に含まれることを示せばよい. そこで, $x = x_{i_1}^{e_1}x_{i_2}^{e_2}\cdots x_{i_r}^{e_r}$, $y = x_{j_1}^{j_1}x_{j_2}^{f_2}\cdots x_{j_s}^{f_s}$ $(e_k, f_l = \pm 1)$ に対して, $[x,y] \in \mathrm{NC}_G(T)$ となることを, $r+s$ に関する帰納法で示す.

$r+s=1$ のとき. このときは $r=0$ または $s=0$ で, $x=1$ または $y=1$ となるので, $[x,y] = 1 \in \mathrm{NC}_G(T)$. 以下, $x, y \neq 1$ とする. $r+s=2$ のとき, このときは $r=s=1$ である. 簡単のため, $x = x_i^e$, $y = x_j^f$ とする. $e=1$ とする. $f=1$ であれば明らかに $[x,y] \in \mathrm{NC}_G(T)$. $f=-1$ であれば, $[x,y] = x_j^{-1}[x_j, x_i]x_f \in \mathrm{NC}_G(T)$. $e=-1$ のときも同様である.

そこで, $r+s \geq 3$ とする. $r \geq 2$ または $s \geq 2$ である. 以下, $r \geq 2$ としても一般性を失わない. $x = x'x_i^e$ とおく. すると,

$$[x,y] = [x'x_i^e, y] = x'[x_i^e, y](x')^{-1}[x', y]$$

であり, 帰納法の仮定から $[x_i^e, y], [x', y] \in \mathrm{NC}_G(T)$ となるので, $[x,y] \in \mathrm{NC}_G(T)$ である. □

定理 2.14(アーベル化の表示) $G = \langle X \mid R \rangle$, $X := \{x_1, x_2, \ldots, x_n\}$ とする. このとき,

$$G^{\mathrm{ab}} = \langle X \mid R \cup \{[x_i, x_j] \mid 1 \leq i \neq j \leq n\} \rangle.$$

証明. 補題 2.13 と定理 2.11 より直ちに得られる. □

さて, 次に直積群の表示を記述するために一つ補題を準備する. $X := \{x_1, x_2, \ldots, x_n\}$ 上の自由群 $F(X)$ の元 $w = x_{i_1}^{e_1}x_{i_2}^{e_2}\cdots x_{i_r}^{e_r}$ に対して,

$$D_i(w) := \sum_{\substack{1 \leq k \leq r \\ i_k = i}} e_k, \quad (1 \leq i \leq n)$$

とおく.

補題 2.15 上の記号の下, $T := \{[x_i, x_j] \mid 1 \leq i \neq j \leq n\} \subset F(X)$

とおくとき，

$$\mathrm{NC}_{F(X)}(T) = \{w \in F(X) \mid D_i(w) = 0\ (1 \leq i \leq n)\}^{38)}.$$

38) つまり，「交換子群はすべての生成元に関する指数和が零になるような語たちのなす部分群である」と言うことができる．

証明．上式の右辺を H とおく．$\mathrm{NC}_{F(X)}(T) \subset H$ は明らか．$H \subset \mathrm{NC}_{F(X)}(T)$ を示す．まず，任意の $1 \leq i \neq j \leq n$，および $e, d = \pm 1$ に対して，$[x_i^e, x_j^d] \in \mathrm{NC}_{F(X)}(T)$ である．そこで，任意の $w \in H$ をとり，

$$w := u x_i^e v x_i^d, \quad (v := x_{j_1}^{e_1} \cdots x_{j_r}^{e_r} \text{ に } x_i \text{ は現れない})$$

とおく．このとき，$a := u[x_{j_1}^{e_1}, x_i^e]u^{-1} \in \mathrm{NC}_{F(X)}(T)$ に対して，

$$aw = u x_{j_1}^{e_1} x_i^e x_{j_2}^{e_2} \cdots x_{j_r}^{e_r} x_i^d$$

となる．同様の操作を繰り返すことで，x_i^e を右端に寄せることができる．さらに，x_i が右端以外に現れるようであれば，そのような文字の中で一番右のものから順に右端に寄せることを考えると，$D_i(w) = 0$ であるので，最終的には，ある $b \in \mathrm{NC}_{F(X)}(T)$ が存在して，$bw = x_{i_1}^{d_1} \cdots x_{i_t}^{d_t}$ で，$x_{i_l} \neq x_i$ とできることが分かる．これを繰り返せば，いずれ $w \in \mathrm{NC}_{F(X)}(T)$ となる．□

定理 2.16（**表示群の直積**）$G = \langle X \mid R \rangle$，$H = \langle Y \mid S \rangle$ を表示が与えられた群とする．このとき，G と H の直積群は

$$G \times H = \langle X \cup Y \mid R \cup S \cup T \rangle,$$
$$T := \{[x, y] = xyx^{-1}y^{-1} \mid x \in X, y \in Y\}$$

なる表示を持つ．

証明．表記を簡単にするために，自由群 $F(X)$ の元 $x \in X$ に対応する G の元も同じ x で表すことにする．H についても同様である．$\varphi_G : F(X) \to G$，$\varphi_H : F(Y) \to H$ を標準的な全射準同型とする．各 $x \in X$，$y \in Y$ に対して，対応 $x \mapsto (x, 1)$，$y \mapsto (1, y)$ により，全射準同型写像 $\varphi : F(X \cup Y) \to G \times H$ が定まる．自然な包含写像 $X \to X \cup Y$ が誘導する単射準同型写像 $F(X) \hookrightarrow F(X \cup Y)$ により，$F(X) \subset F(X \cup Y)$ とみなす．同様に，$F(Y) \subset F(X \cup Y)$ とみなす．

今，明らかに $\mathrm{NC}_{F(X\cup Y)}(R\cup S\cup T)\subset \mathrm{Ker}(\varphi)$ である．一方，任意の $w\in F(X\cup Y)$ に対して，

$$w := v_1w_1v_2w_2\cdots v_rw_r,\ \ v_i\in F(X),\ w_i\in F(Y)$$

とおき[39]，

39) $v_1, w_r = 1$ の場合もあることに注意せよ．

$$a := v_1v_2\cdots v_r\in F(X),\ \ b := w_1w_2\cdots w_r\in F(Y)$$

とおく．すると，補題 2.15 より $u := b^{-1}a^{-1}w\in \mathrm{NC}_{F(X\cup Y)}(T)$ であり，$w = abu$ と書ける．そこで，$w\in \mathrm{Ker}(\varphi)$ とすると，$a\in \mathrm{NC}_{F(X)}(R)$, $b\in \mathrm{NC}_{F(X)}(S)$ であることが分かる．ゆえに，$w\in \mathrm{NC}_{F(X\cup Y)}(R\cup S\cup T)$ を得る．したがって，$\mathrm{NC}_{F(X\cup Y)}(R\cup S\cup T) = \mathrm{Ker}(\varphi)$ となり求める結果を得る．□

定理 2.17（有限生成アーベル群の表示） G を有限生成アーベル群とすると，

$$G\cong \mathbb{Z}^m\times \mathbb{Z}/p_1^{e_1}\mathbb{Z}\times\cdots\times\mathbb{Z}/p_l^{e_l}\mathbb{Z}$$

と書ける．このとき，G は

$$G\cong\langle x_1,\ldots,x_m,y_1,\ldots,y_l\,|\,y_1^{p_1^{e_1}},\ldots,y_l^{p_l^{e_l}},[x_i,x_j],[y_i,y_j],[x_i,y_j]\rangle$$

なる表示を持つ．

証明． $\mathbb{Z}=\langle x\,|\,\{1\}\rangle$, $\mathbb{Z}/a\mathbb{Z}=\langle y\,|\,y^a\rangle$ と，定理 2.16 を繰り返し適用すればよい．□

2.2 いくつかの例

群の表示を求めるためのテクニックはいろいろと知られているが，よく用いられる手法としては以下のものがある．

(1) 与えられた群 G の生成系 S を求める．
(2) $|X| = |S|$ なる集合 X 上の自由群 F と自然な全射準同型 $\varphi: F\to G$ を考え，$\mathrm{NC}_F(R)=\mathrm{Ker}(\varphi)$ となりそうな F の部分集合 R の候補を見つける．

(3) φ が誘導する全射準同型写像 $\tilde{\varphi}: F/\mathrm{NC}_F(R) \to G$ が同型であることを示す．
(4) このとき，$\mathrm{NC}_F(R) = \mathrm{Ker}(\varphi)$ となり，$G = \langle X \mid R \rangle$ を得る．

特に，G が有限群である場合は，ラグランジュの定理を用いることで，$|F/\mathrm{NC}_F(R)| \leq |G|$ であることを示せば $|F/\mathrm{NC}_F(R)| = |G|$ であることが分かり，結果として $\tilde{\varphi}$ が同型となるので，このような方法はしばしば有効である．

2.2.1 正二面体群

自然数 $n \geq 2$ に対し正 n 角形 V_n を考える．V_n を V_n 自身の上に合同に重ねあわせる操作を考える．これは，V_n から V_n への全単射であって，V_n 内の任意の 2 点間の距離を変えない写像になっている．このような写像を V_n の**合同変換** (congruent transformation) という．V_n の合同変換全体を D_n とおくと，D_n は写像の合成に関して群をなす．これを n 次の**正二面体群** (dihedral group) という．

D_n のすべての合同変換は，V_n の頂点たちの対応によって完全に決定される．実際，V_n の頂点に，時計回りの方向に順に $1, 2, \ldots, n$ と番号を付ける．V_n の合同変換 ρ に対して，ρ によって 1 が i に写されたとする．すると，残りの頂点 $2, 3, \ldots, n$ は ρ によって，それぞれ $i+1, i+2, \ldots, n, 1, 2, \ldots i-1$ に写されるか，$i-1, i-2, \ldots, 1, n, n-1, \ldots, i+1$ に写されるかのどちらかである．すなわち，ρ を置換の記法で表せば，

$$\rho = \begin{pmatrix} 1 & 2 & \cdots & n-1 & n \\ i & i+1 & \cdots & i-2 & i-1 \end{pmatrix} \quad \text{または}$$
$$\begin{pmatrix} 1 & 2 & \cdots & n-1 & n \\ i & i-1 & \cdots & i+2 & i+1 \end{pmatrix}$$

となる．前者の場合は V_n を回転して重ねあわせる変換であり，後者の場合は V_n を回転してさらに裏返しして重ねあわせる変換である．したがって，V_n の合同変換は，頂点 1 をどの頂点に写すかで n 通り，さらに裏返しをするかしないかで 2 通りの場合があるから，全部で $2n$ 個あることが分かる．すなわち，D_n は位数 $2n$ の有限群である．

σ を，V_n を時計回りに $\frac{2\pi}{n}$ 回転させる合同変換とし，τ を頂点 1 を固定する裏返しを表す合同変換

$$\begin{pmatrix} 1 & 2 & \cdots & n-1 & n \\ 1 & n & \cdots & 3 & 2 \end{pmatrix}$$

とすると，$D_n = \langle \sigma, \tau \rangle$ である．実際，V_n の頂点 i を固定する裏返しを表す合同変換を τ_i とすると，

$$D_n := \{\sigma^{i-1}, \tau_i\sigma^{i-1} \,|\, 1 \leq i \leq n\}$$

である．一方，任意の $1 \leq i \leq n-1$ に対して，$\tau_i = \sigma^{i-1}\tau\sigma^{-(i-1)}$ であるから，結局，D_n は σ と τ で生成されることが分かる．特に，

$$D_n = \{1, \sigma, \sigma^2, \ldots, \sigma^{n-1}, \tau, \sigma\tau, \sigma^2\tau, \ldots, \sigma^{n-1}\tau\}$$

である．また，明らかに $\sigma^n = \tau^2 = 1_{D_n}$ であり，

$$\begin{aligned} \tau\sigma &= \begin{pmatrix} 1 & 2 & \cdots & n-1 & n \\ 1 & n & \cdots & 3 & 2 \end{pmatrix} \begin{pmatrix} 1 & 2 & \cdots & n-1 & n \\ 2 & 3 & \cdots & n & 1 \end{pmatrix} \\ &= \begin{pmatrix} 1 & 2 & \cdots & n-1 & n \\ n & n-1 & \cdots & 2 & 1 \end{pmatrix} \\ \sigma^{-1}\tau &= \begin{pmatrix} 1 & 2 & \cdots & n-1 & n \\ n & 1 & \cdots & n-2 & n-1 \end{pmatrix} \begin{pmatrix} 1 & 2 & \cdots & n-1 & n \\ 1 & n & \cdots & 3 & 2 \end{pmatrix} \\ &= \begin{pmatrix} 1 & 2 & \cdots & n-1 & n \\ n & n-1 & \cdots & 2 & 1 \end{pmatrix} \end{aligned}$$

となるので，$\tau\sigma = \sigma^{-1}\tau$ が成り立つ．

定理 2.18（**正二面体群の表示**）$n \geq 2$ に対し，D_n は有限表示

$$D_n = \langle\, x, y \,|\, x^n = y^2 = 1,\ yx = x^{-1}y \,\rangle$$

を持つ．

証明． F を $\{x, y\}$ 上の自由群とし，全射準同型写像 $\varphi : F \to D_n$ を x, y をそれぞれ σ, τ に対応させることで定める．すると，σ と τ が満たす関係式を考えることで，$R := \{x^n, y^2, yxy^{-1}x\}$ とおけば，

$R \subset \mathrm{Ker}(\varphi)$ であることが分かる．よって，$\mathrm{NC}_F(R) \subset \mathrm{Ker}(\varphi)$．ゆえに，$\varphi$ は全射準同型写像

$$\widetilde{\varphi}: F/\mathrm{NC}_F(R) \to D_n, \quad \widetilde{\varphi}([w]) := \varphi(w)$$

を誘導する．これが同型写像であることを示そう．

そこで，任意の $[w] \in F/\mathrm{NC}_F(R)$ $(w \in F)$ をとる．w は $w = x^{a_1}y^{b_1}x^{a_2}y^{b_2}\cdots x^{a_k}y^{b_k}$ なる形に書ける．ここで，$a_i, b_i \in \mathbb{Z}$ であり，a_1, b_k は 0 でもよいとする．$F/\mathrm{NC}_F(R)$ においては $[yx^{\pm 1}] = [x^{\mp 1}y]$, $[y^{-1}x^{\pm 1}] = [x^{\mp 1}y^{-1}]$ が成り立つから，$[w]$ において，y をすべて右端に集めることができ，$[w] = [x^a y^b]$ と書けることが分かる．さらに，剰余の定理より，$a = nq + a'$ $(0 \leq a' \leq n-1)$, $b = 2q' + b'$ $(b' = 0, 1)$ とできるので，$[x^n] = [y^2] = 1$ であることを考えると，$[w] = [x^a y^b]$ $(0 \leq a \leq n-1,\ 0 \leq b \leq 1)$ と書けることが分かる．これは，$|F/\mathrm{NC}_F(R)| \leq 2n$ であることを示している．ところが，$\widetilde{\varphi}$ の像は位数が $2n$ の群であるから，$|F/\mathrm{NC}_F(R)| = 2n$ であり，$\widetilde{\varphi}$ が単射でなければならない．ゆえに，$\widetilde{\varphi}$ は同型写像である．□

2.2.2 対称群

自然数 $n \geq 2$ に対し，$\mathfrak{S}_n$ を n 次対称群とする．

定理 2.19（対称群の表示）$n \geq 2$ に対し，$\mathfrak{S}_n$ は有限表示

$$\begin{aligned}\mathfrak{S}_n = \langle\, x_1, x_2, \ldots, x_{n-1} \mid x_i^2 = 1\,(1 \leq i \leq n-1),& \\ x_i x_{i+1} x_i = x_{i+1} x_i x_{i+1}\,(1 \leq i \leq n-2),& \\ x_i x_j = x_j x_i\,(|j-i| \geq 2)\,\rangle&\end{aligned}$$

を持つ．

証明． F を $\{x_1, x_2, \ldots, x_{n-1}\}$ 上の自由群とし，全射準同型写像 $\varphi: F \to \mathfrak{S}_n$ を，x_i を互換 $(i\ i+1)$ に対応させることで定める．すると，$(i\ i+1)$ たちが満たす関係式を考えることで，

$$\begin{aligned}R := \{&x_i x_{i+1} x_i x_{i+1}^{-1} x_i^{-1} x_{i+1}^{-1}\,(1 \leq i \leq n-2), \\ &x_i x_j x_i^{-1} x_j^{-1}\,(|j-i| \geq 2), \quad x_i^2\,(1 \leq i \leq n-1)\}\end{aligned}$$

とおけば，$R \subset \mathrm{Ker}(\varphi)$ である．よって，$\mathrm{NC}_F(R) \subset \mathrm{Ker}(\varphi)$ が成

り立つ．ゆえに，φ は全射準同型写像

$$\widetilde{\varphi}\colon F/\mathrm{NC}_F(R) \to \mathfrak{S}_n, \quad \widetilde{\varphi}([w]) := \varphi(w)$$

を誘導する．これが同型写像であることを示そう．

$|F/\mathrm{NC}_F(R)| \leq n!$ となることを，$n \geq 2$ についての帰納法で示す．以下，$G_n := F/\mathrm{NC}_F(R)$ とおく．$n = 2$ のときは，$G_2 = \langle x_1 \mid x_1^2 \rangle \cong \mathbb{Z}/2\mathbb{Z}$ となるので $|F/\mathrm{NC}_F(R)| = 2$ である．そこで，以下 $n \geq 3$ と仮定する．G_n において，$[x_1], [x_2], \ldots, [x_{n-2}]$ が生成する部分群を H とおく．すると，全射準同型写像 $G_{n-1} \to H$ が存在するので，帰納法の仮定から $|H| \leq (n-1)!$ である．ここで，G における H による剰余類

$$H[x_{n-1}], H[x_{n-1}x_{n-2}], \ldots, H[x_{n-1}x_{n-2}\cdots x_1]$$

を考え，これらの和集合を K とおく．各 $1 \leq i \leq n-2$ に対して，

$$\begin{aligned}
&H[x_i] = H, \\
&H[x_{n-1}][x_i] = H[x_i x_{n-1}] = H[x_{n-1}], \\
&\qquad\qquad \vdots \\
&H[x_{n-1}\cdots x_{i+2}][x_i] = H[x_i x_{n-1}\cdots x_{i+2}] = H[x_{n-1}\cdots x_{i+2}], \\
&H[x_{n-1}\cdots x_{i+1}][x_i] = H[x_{n-1}\cdots x_{i+1}x_i], \\
&H[x_{n-1}\cdots x_i][x_i] = H[x_{n-1}\cdots x_{i+1}], \\
&H[x_{n-1}\cdots x_i x_{i-1}][x_i] = H[x_{n-1}\cdots x_{i+1}x_{i-1}x_i x_{i-1}] \\
&\qquad\qquad = H[x_{i-1}x_{n-1}\cdots x_{i-1}] \\
&\qquad\qquad = H[x_{n-1}\cdots x_{i-1}], \\
&\qquad\qquad \vdots \\
&H[x_{n-1}\cdots x_1][x_i] = H[x_{n-1}\cdots x_1]
\end{aligned}$$

となるので，$K[x_i] \subset K$ である[40]．同様に，$K[x_{n-1}] \subset K$ であることも分かる．

40) 実際は等号が成り立つ．

さて，$1 \in H \subset K$ であるから，以上の議論により，各 $1 \leq i \leq n-1$ に対して $[x_i] = 1 \cdot [x_i] \in K$ である．各 $1 \leq i \leq n-1$ に対

して，$[x_i^{-1}] = [x_i]$ であることを考えると，任意の元 $g \in G_n$ は，$g = [x_{i_1}^{e_1} x_{i_2}^{e_2} \cdots x_{i_k}^{e_k}]$ $(e_i \geq 1)$ と書ける．ゆえに，帰納的に $g \in K$ であることが分かり，$G_n \subset K$ となる．すなわち $G_n = K$ である．これにより，$|G_n| = |K| \leq |H|n \leq n!$ を得る．よって帰納法が進む．

したがって，$|F/\mathrm{NC}_F(R)| = n!$ であり，$\widetilde{\varphi}$ が単射である．これは $\widetilde{\varphi}$ が同型写像であることを示している．□

2.2.3 交代群

自然数 $n \geq 3$ に対し $\mathfrak{A}_n$ を n 次交代群とする．$\mathfrak{A}_n$ の表示を考えよう．基本的な方針は対称群の場合と同じである．初学者は読み飛ばしても差し支えない．

補題 2.20 $n \geq 3$ のとき，$\mathfrak{A}_n$ は $n-2$ 個の長さ 3 の巡回置換

$$(1\,2\,3),\ (1\,2\,4),\ \ldots,\ (1\,2\,n)$$

で生成される．

証明．拙著[5] の定理 3.49 を参照されたい．□

補題 2.21 $n \geq 3$ のとき，$\mathfrak{A}_n$ は

$$(1\ 2\ 3),\ (1\ 2)(i+1\ i+2) \quad (2 \leq i \leq n-2)$$

で生成される．

証明．$(1\ 2\ 3)$ および，$(1\ 2)(i+1\ i+2)$ $(2 \leq i \leq n-2)$ が生成する部分群を H とおく．すると，

$$(1\ 2\ 3) \cdot (1\ 2)(3\ 4) \cdot (1\ 2\ 3) = (1\ 2\ 4)$$

であるから，$(1\ 2\ 4) \in H$．次に，

$$(1\ 2\ 4) \cdot (1\ 2)(4\ 5) \cdot (1\ 2\ 4) = (1\ 2\ 5)$$

であるから，$(1\ 2\ 5) \in H$．以下同様にして，任意の $4 \leq i \leq n$ に対して，$(1\ 2\ n) \in H$ となることが分かる．よって，補題 2.21 より求める結果を得る．□

定理 2.22（交代群の表示）$n \geq 3$ に対し，$\mathfrak{A}_n$ は有限表示

$$\mathfrak{A}_n = \langle\, x_1, x_2, \ldots, x_{n-2} \mid x_1^3 = x_2^2 = x_3^2 = \cdots = x_{n-2}^2 = 1, \\ (x_i x_{i+1})^3 = 1\,(1 \leq i \leq n-3), \\ (x_i x_j)^2 = 1\,(|j-i| \geq 2)\,\rangle$$

を持つ．

証明．F を $\{x_1, x_2, \ldots, x_{n-2}\}$ 上の自由群とし，全射準同型写像 $\varphi\colon F \to \mathfrak{A}_n$ を，

$$x_1 \mapsto (1\ 2\ 3), \qquad x_i \mapsto (1\ 2)(i+1\ i+2) \quad (2 \leq i \leq n-2)$$

なる対応で定める．すると，$(1\ 2\ 3)$ および，$(1\ 2)(i+1\ i+2)$ $(2 \leq i \leq n-2)$ たちが満たす関係式を考えることで，

$$R := \{(x_i x_{i+1})^3\,(1 \leq i \leq n-3), \quad (x_i x_j)^2\,(|j-i| \geq 2), \\ x_1^3 = x_2^2 = x_3^2 = \cdots = x_{n-2}^2 = 1\}$$

とおけば，$R \subset \mathrm{Ker}(\varphi)$ である．よって，$\mathrm{NC}_F(R) \subset \mathrm{Ker}(\varphi)$ が成り立つ．ゆえに，φ は全射準同型写像

$$\widetilde{\varphi}\colon F/\mathrm{NC}_F(R) \to \mathfrak{A}_n, \quad \widetilde{\varphi}([w]) := \varphi(w)$$

を誘導する．これが同型写像であることを示そう．

$|F/\mathrm{NC}_F(R)| \leq n!/2$ となることを $n \geq 3$ についての帰納法で示す．以下，$G_n := F/\mathrm{NC}_F(R)$ とおく．$n = 3$ のときは，$G_3 = \langle x_1 \mid x_1^3 \rangle \cong \mathbb{Z}/3\mathbb{Z}$ となるので $|F/\mathrm{NC}_F(R)| = 3$ である．そこで，以下 $n \geq 4$ と仮定する．G_n において，$[x_1], [x_2], \ldots, [x_{n-3}]$ が生成する部分群を H とおく．すると，全射準同型写像 $G_{n-1} \to H$ が存在するので，帰納法の仮定から $|H| \leq (n-1)!/2$ である．ここで，G における H による剰余類

$$H,\ H[x_{n-2}],\ H[x_{n-2}x_{n-3}], \ldots, H[x_{n-2}x_{n-3}\cdots x_2 x_1], \\ H[x_{n-2}x_{n-3}\cdots x_2 x_1^2]$$

を考え，これらの和集合を K とおく．以下，$1 \leq i \leq n-2$ に対して $K[x_i] \subset K$ となることを示そう．すると，$(x_i x_{i+1})^3 \in R$ $(1 \leq i \leq n-3)$，および $x_1^3, x_i^2 \in R$ $(2 \leq i \leq n-2)$ より，

$$[x_1x_2x_1] = [x_2x_1^2x_2], \quad [x_ix_{i+1}x_i] = [x_{i+1}x_ix_{i+1}] \ (2 \leq i \leq n-3)$$

が成り立つ．さらに，$(x_ix_j)^2 \in R$ ($|j-i| \geq 2$) より，

$$[x_1x_j] = [x_jx_1^2] \ (3 \leq j \leq n-2), \quad [x_ix_j] = [x_jx_i] \ (2 \leq i, j \leq n-2)$$

が成り立つ．各 $3 \leq i \leq n-3$ に対して，

$$\begin{aligned}
&H[x_i] = H, \\
&H[x_{n-2}][x_i] = H[x_ix_{n-2}] = H[x_{n-2}], \\
&\qquad\qquad \vdots \\
&H[x_{n-2}\cdots x_{i+2}][x_i] = H[x_ix_{n-2}\cdots x_{i+2}] = H[x_{n-2}\cdots x_{i+2}], \\
&H[x_{n-2}\cdots x_{i+1}][x_i] = H[x_{n-2}\cdots x_{i+1}x_i], \\
&H[x_{n-2}\cdots x_i][x_i] = H[x_{n-2}\cdots x_{i+1}], \\
&H[x_{n-2}\cdots x_ix_{i-1}][x_i] = H[x_{n-2}\cdots x_{i+1}x_{i-1}x_ix_{i-1}] \\
&\qquad\qquad\qquad\qquad\quad = H[x_{i-1}x_{n-2}\cdots x_{i-1}] \\
&\qquad\qquad\qquad\qquad\quad = H[x_{n-2}\cdots x_{i-1}], \\
&\qquad\qquad \vdots \\
&H[x_{n-2}\cdots x_1][x_i] = H[x_{n-2}\cdots x_2x_ix_1^2] = H[x_{n-2}\cdots x_2x_1^2] \\
&H[x_{n-2}\cdots x_1^2][x_i] = H[x_{n-2}\cdots x_2x_ix_1] = H[x_{n-2}\cdots x_2x_1]
\end{aligned}$$

となるので，$K[x_i] \subset K$ である[41]．同様に，$K[x_{n-2}] \subset K$ が成り立つ．さらに，

41) 実際は等号が成り立つ．

$$\begin{aligned}
&H[x_2] = H, \\
&H[x_{n-2}][x_2] = H[x_2x_{n-2}] = H[x_{n-2}], \\
&\qquad\qquad \vdots \\
&H[x_{n-2}\cdots x_4][x_2] = H[x_2x_{n-2}\cdots x_4] = H[x_{n-2}\cdots x_4], \\
&H[x_{n-2}\cdots x_3][x_2] = H[x_{n-2}\cdots x_3x_2], \\
&H[x_{n-2}\cdots x_2][x_2] = H[x_{n-2}\cdots x_3], \\
&H[x_{n-2}\cdots x_2x_1][x_2] = H[x_{n-2}\cdots x_3x_1^2x_2x_1^2] \\
&\quad = H[x_{n-2}\cdots x_4x_1x_3x_2x_1^2] = H[x_{n-2}\cdots x_5x_1^2x_4x_3x_2x_1^2]
\end{aligned}$$

$$= \cdots = H[x_1^e x_{n-2} \cdots x_2 x_1^2] = H[x_{n-2} \cdots x_2 x_1^2],$$

$$H[x_{n-2} \cdots x_2 x_1^2][x_2] = H[x_{n-2} \cdots x_1 x_2 x_1]$$

$$= H[x_{n-2} \cdots x_4 x_1^2 x_3 x_2 x_1] = \cdots = H[x_1^e x_{n-2} \cdots x_2 x_1]$$

$$= H[x_{n-2} \cdots x_2 x_1]$$

となる．ここで，$e = 1, 2$ である．よって，$K[x_2] \subset K$．同様に，$K[x_1] \subset K$ であることも分かる[42]．

さて，$1 \in H \subset K$ であるから，以上の議論により，各 $1 \leq i \leq n-1$ に対して $[x_i] = 1 \cdot [x_i] \in K$ であることが分かる．また，$[x_1^{-1}] = [x_1^2]$ かつ $[x_i^{-1}] = [x_i]$ $(2 \leq i \leq n-2)$ であることを考えると，任意の元 $g \in G_n$ は，$g = [x_{i_1}^{e_1} x_{i_2}^{e_2} \cdots x_{i_k}^{e_k}]$ $(e_i \geq 1)$ と書ける．ゆえに，帰納的に $g \in K$ であることが分かり，$G_n \subset K$ となる．すなわち $G_n = K$ である．これにより，$|G_n| = |K| \leq |H|n \leq n!/2$ を得る．よって帰納法が進む．

したがって，$|F/\mathrm{NC}_F(R)| = n!/2$ であり，$\tilde{\varphi}$ が単射である．これは $\tilde{\varphi}$ が同型写像であることを示している．□

42) 各自，計算を確認されたい．

2.3 ティーツェ変換

一般に，任意の群が有限表示可能というわけでもなく，また，有限表示可能であったとしても，表示は一意的ではない．また，表示が与えられた二つの群が同型かどうかを判定することや，表示が与えられた群が有限群かどうかを判定することでさえも一般には至難の業である．このように，群の表示は常に扱いやすいものというわけではないのであるが，与えられた表示を機械的に変形して，同じ群の別の表示を作り出す操作が知られている．この手法は，ティーツェ変換と呼ばれ，最初に与えられた表示が複雑な場合に，自分が扱いやすい表示へ変形しようとする際に非常に役に立つ．元々は，ティーツェ[43] が位相空間の基本群が位相不変量であることを示す際に考案したものである．

43) Heinrich Franz Friedrich Tietze (1880.8.31 – 1964.2.17)．オーストリア出身の数学者．群の同型類問題を最初に提起した．1904 年にウィーン大学で学位を取得し，ブルノの大学で教鞭をとった．第一次世界大戦の勃発により，研究の中断を余儀なくされ，オーストリア陸軍に仕えた．戦後，1919 年にエルランゲン大学の教授に，1925 年にミュンヘン大学の教授に就任し，以後ミュンヘンで余生を過ごした．生涯，6 冊の書籍と 104 編もの論文を発表した．

定理 2.23 $G = \langle X \mid R \rangle$ を表示が与えられた群とする．

(1) 任意の $r' \in \mathrm{NC}_{F(X)}(R) \setminus R$ に対して，$G = \langle\, X \mid R \cup \{r'\} \,\rangle$.
(2) 任意の $w \in F$ に対して，$G = \langle\, X \cup \{x'\} \mid R \cup \{x'w^{-1}\} \,\rangle$.

証明. (1) 明らかに，$\mathrm{NC}_{F(X)}(R) \subset \mathrm{NC}_{F(X)}(R \cup \{r'\})$ である．そこで，任意の $w \in \mathrm{NC}_{F(X)}(R \cup \{r'\})$ をとる．すると，w は ara^{-1}，$br'b^{-1}$ $(a, b \in F(X),\ r \in R)$ なる形の元の積で表される．$r' \in \mathrm{NC}_{F(X)}(R)$ であり，$\mathrm{NC}_{F(X)}(R)$ は正規部分群であるから，$br'b^{-1} \in \mathrm{NC}_{F(X)}(R)$ である．ゆえに，$w \in \mathrm{NC}_{F(X)}(R)$ である．したがって，$\mathrm{NC}_{F(X)}(R) = \mathrm{NC}_{F(X)}(R \cup \{r'\})$ である．これより

$$\begin{aligned}\langle\, X \mid R \,\rangle &= F(X)/\mathrm{NC}_{F(X)}(R) = F(X)/\mathrm{NC}_{F(X)}(R \cup \{r'\}) \\ &= \langle\, X \mid R \cup \{r\} \,\rangle\end{aligned}$$

を得る．

(2) X の各元 x に，$x \in X \cup \{x'\}$ を対応させることにより準同型写像 $\varphi : F(X) \to F(X \cup \{x'\})$ が誘導される．φ と自然な商準同型 $\pi : F(X \cup \{x'\}) \to \langle\, X \cup \{x'\} \mid R \cup \{x'w^{-1}\} \,\rangle$ の合成を $\varphi' : F(X) \to \langle\, X \cup \{x'\} \mid R \cup \{x'w^{-1}\} \,\rangle$ とおく．すると，$\mathrm{NC}_{F(X)}(R) \subset \mathrm{Ker}(\varphi')$ であるから，φ' は準同型写像 $\overline{\varphi} : G \to \langle\, X \cup \{x'\} \mid R \cup \{x'w^{-1}\} \,\rangle$ を誘導する．

次に，$y \in X \cup \{x'\}$ に対して対応

$$y \mapsto \begin{cases} y, & y \in X, \\ w, & y = x' \end{cases}$$

により，準同型写像 $\psi : F(X \cup \{x'\}) \to F(X)$ が誘導される．ψ と自然な商準同型 $\pi' : F(X) \to G$ の合成を $\psi' : F(X \cup \{x'\}) \to G$ とおく．このとき，$\mathrm{NC}_{F(X)}(R \cup \{x'w^{-1}\}) \subset \mathrm{Ker}(\psi')$ であるから，ψ' は準同型写像 $\overline{\psi} : \langle\, X \cup \{x'\} \mid R \cup \{x'w^{-1}\} \,\rangle \to G$ を誘導する．

任意の $x \in X$ に対して，

$$\overline{\psi} \circ \overline{\varphi}(\pi'(x)) = \overline{\psi}(\pi(x)) = \pi'(x), \quad \overline{\varphi} \circ \overline{\psi}(\pi(x)) = \overline{\varphi}(\pi'(x)) = \pi(x)$$

かつ

$$\overline{\varphi} \circ \overline{\psi}(\pi(x')) = \overline{\varphi}(\pi'(w)) = \pi(w) = \pi(x')$$

であるから，$\overline{\psi}\circ\overline{\varphi}=\mathrm{id}$ かつ $\overline{\varphi}\circ\overline{\psi}=\mathrm{id}$ となる．ゆえに，$\overline{\varphi}$ は同型写像である．□

定義 2.24（**ティーツェ変換**）$G=\langle X\,|\,R\rangle$ を表示が与えられた群とする．このとき，以下のような表示の変形を考える．

(R1) 任意の $r'\in \mathrm{NC}_{F(X)}(R)\setminus R$ に対して，関係子 r' を加える：$\langle X\,|\,R\cup\{r'\}\rangle$.

(R2) (R1) の逆．すなわち，$r\in R$ が $r\in \mathrm{NC}_{F(X)}(R\setminus\{r\})$ を満たすとき，関係子 r を取り除く：$\langle X\,|\,R\setminus\{r\}\rangle$.

(G1) 任意の $w\in F$ に対して，生成元 x' と関係子 $x'w^{-1}$ を加える：$\langle X\cup\{x'\}\,|\,R\cup\{x'w^{-1}\}\rangle$.

(G2) (G1) の逆．すなわち，ある生成元 $x\in X$ とある関係子 $r=xv$ で，$v\in F(X\setminus\{x\})\subset F(X)$ となるもの[44] が存在するとき，生成元 x と関係子 r を取り除く：$\langle X\setminus\{x\}\,|\,R\setminus\{r\}\rangle$.

これらの変形を総じて**ティーツェ変換** (Tietze transformation) という．定理 2.23 により，ティーツェ変換を施した表示はすべて元の群の表示を与えることが分かる．

44) 実際は，$r=axb$ で $a,b\in F(X\setminus\{x\})$ となっている関係子でもよい．どうしてか理由を考えてみよ．

例 2.25 具体的な例で実感してみよう．表示が与えられた群

$$T:=\langle x,y,z\,|\,x=yzy^{-1},\,y=zxz^{-1},\,z=xyx^{-1}\rangle$$

を考える[45]．最後の関係式は z を z 以外の生成元で書き表す式であり，これを用いて生成元 z を消去する．このとき，関係式 $x=yzy^{-1}$，$y=zxz^{-1}$ はそれぞれ，$x=yxyx^{-1}y^{-1}$，$y=xyx^{-1}xxy^{-1}x^{-1}=xyxy^{-1}x^{-1}$ に変わる．これらはどちらも $xyx=yxy$ と同値な式であるから，ティーツェ変換により，

$$T\cong\langle x,y\,|\,xyx=yxy\rangle$$

であることが分かる．さらに，新しい生成元 a を関係式 $a=xy$ によって導入し，$y=ax^{-1}$ によって y を消去すると，

$$\begin{aligned}T&\cong\langle x,y,a\,|\,xyx=yxy,\,a=xy\rangle\\&\cong\langle x,a\,|\,xa=a^2x^{-1}\rangle\end{aligned}$$

45) T はクローバー結び目の補空間の基本群や，3 次の組ひも群に同型である．また，複素上半平面に不連続的に作用する $\mathrm{PSL}(2,\mathbb{Z})$ にも同型であり，位相幾何学や双曲幾何学，保型形式論などで大変重要な群である．

となる．最後に $b = ax$ によって，新しい生成元を導入し，$x = a^{-1}b$ によって x を消去すると，

$$
\begin{aligned}
T &\cong \langle x, a, b \mid xa = a^2x^{-1},\, b = ax \rangle \\
&\cong \langle a, b \mid b^2 = a^3 \rangle
\end{aligned}
$$

となる．$\langle x, y \mid xyx = yxy \rangle$ と $\langle a, b \mid b^2 = a^3 \rangle$，読者諸氏はどちらが簡単な表示に見えるだろうか[46]．

[46] 答えは"ない"．何にどのように使うかで，どちらにも一長一短がある．

定理 2.26 $G = \langle X \mid R \rangle, G = \langle Y \mid S \rangle$ をともに群 G の有限表示とする．このとき，一方の表示に有限回のティーツェ変換を施すことで他方の表示に変形できる[47]．

[47] この定理は，あくまで同一の群の異なる有限表示が二つ与えられた場合に，一方を他方に変形することができると主張しているのであって，任意に与えられた二つの有限表示が同型な群を表すかどうかという問題に対して解答を与えているわけではないことに注意せよ．

証明. 簡単のため，X, Y に対応する G の元も同じ記号を用いて表す．Y は生成元であるので，X の各元は Y の元の語として表される．このような語の集合を $X(Y)$ と書くことにする．$Y(X)$ についても同様に定義する．また，R の各元が X の語であることを強調して $R(X)$ と書く．さらに，関係式 $r = 1$ $(r \in R)$ の集合を $R(X) = 1$ と表すことにする．このとき，以下のようなティーツェ変換の列を考えればよい．

$$
\begin{aligned}
\langle X \mid R(X) = 1 \rangle &\xrightarrow{\text{(G1)}} \langle X \cup Y \mid R(X) = 1, Y = Y(X) \rangle \\
&\xrightarrow{\text{(R1)}} \langle X \cup Y \mid R(X) = 1,\, Y = Y(X),\, X = X(Y) \rangle \\
&\xrightarrow{\text{(R1)}} \langle X \cup Y \mid R(X) = 1,\, Y = Y(X),\, X = X(Y), \\
&\qquad R(X(Y)) = 1 \rangle \\
&\xrightarrow{\text{(R2)}} \langle X \cup Y \mid Y = Y(X),\, X = X(Y), \\
&\qquad R(X(Y)) = 1 \rangle \\
&\xrightarrow{\text{(R1)}} \langle X \cup Y \mid Y = Y(X),\, X = X(Y), \\
&\qquad R(X(Y)) = 1,\, Y = Y(X(Y)) \rangle \\
&\xrightarrow{\text{(R2)}} \langle X \cup Y \mid X = X(Y),\, R(X(Y)) = 1, \\
&\qquad Y = Y(X(Y)) \rangle \\
&\xrightarrow{\text{(G2)}} \langle Y \mid R(X(Y)) = 1,\, Y = Y(X(Y)) \rangle \\
&\xrightarrow{\text{(R1)}} \langle Y \mid R(X(Y)) = 1,\, Y = Y(X(Y)),
\end{aligned}
$$

$$S(Y) = 1 \rangle$$

$$\xrightarrow{\text{(R2)}} \langle Y \mid S(Y) = 1 \rangle \square$$

2.4 語の問題と共役元問題

この節では，組合せ群論における指導原理とでも言うべき問題についていくつか言及する．1911 年に，デーン[48] は，組合せ群論における重要な問題として，**語の問題** (word problem)，**共役元問題** (conjugacy problem)，そして**同型問題** (isomorphism problem) を挙げた．ここでは，語の問題と共役元問題に関して簡単に解説しよう．

語の問題とは，有限生成群 G に対して，生成元たちの語として書かれた任意の二つの元が等しいかどうかを決定するアルゴリズムを与える問題である．また，共役元問題とは，生成元たちの語として書かれた任意の二つの元が共役かどうかを決定するアルゴリズムを与える問題である．

語の問題の簡単な例として，x, y によって生成される階数 2 の自由アーベル群 H を考えよう．

$$a := xyxy^{-1}x^{-1}y, \quad b := y^{-1}xyxxy^{-1}, \quad c := y^{-1}xxyx^{-1}y \in H$$

とおく．すると，語を一見しただけではこれらの元が等しいか等しくないかはすぐには分からない．ところが，H においては x と y は交換可能であり，H の元は一意的に

$$x^m y^n \ (m, n \in \mathbb{Z})$$

と書けることが知られている．a, b, c をこの表記に書きなおせば，

$$a = xy, \quad b = x^3y^{-1}, \quad c = xy$$

となるので，$a = c$，$a \neq b$ である．したがって，上記のような標準形を用いれば，x, y を生成元とする H において語の問題は肯定的に解決される．

一般に，有限生成群 G に対して，二つの有限な生成系が与えられたとき，片方の生成系に対して語の問題が肯定的に解決されれば，も

[48] Max Dehn (1878.11.13 – 1952.7.27). ドイツ出身の数学者．ゲッティンゲン大学でヒルベルトに師事した．1900 年に公理論的幾何学で学位を取得．1911 年までミュンスター大学で教鞭をとった．1910 年にデーン手術なる概念を発表し，ホモロジー球面を構成した．1920 年頃，トーラスの写像類はトーラスの基本群への作用で完全に決定されるという結果を得，後にニールセンがこれを一般の種数の場合に一般化した．1922 年にフランクフルト大学で教授に就任したが，ユダヤ人排斥運動の影響を受け 1935 年に強制的に退職に追い込まれる．その後，シベリア鉄道でウラジオストクへ行き，神戸を経由してサンフランシスコへ渡った．1945 年にブラックマウンテン大学の教授に就任し，1952 年，同大から名誉教授号を授与された．

う片方の生成系に対しても肯定的に解決される．したがって，有限な生成系のとり方によらず，群 G に対して語の問題が解決できるかどうかを問うことが well-defined である．共役元問題についても同様である．

上の例では，H の元を一意的に書き表す表し方，すなわち標準形（$x^m y^n$ $(m, n \in \mathbb{Z})$ のこと．）が分かっているので簡単に解決できたが，語の問題が肯定的に解決される群に対して，標準形がいつも明示的に与えられるかというと，そういうわけではない．たとえば，有限階数の自由群は既約語を考えることで語の問題が肯定的に解決されるが，自由群の既約語の集合を明示的に与えることは不可能であろう．

1912 年，デーンは種数が 2 以上の向きづけ可能な閉 2 次元多様体の基本群に関して，語の問題と共役元問題が肯定的に解決できることを示した．現在，デーンが提起したこれらの問題は多くの群に対して精力的に研究がされている．特に，語の問題や共役元問題が否定的に解決されるような群が存在することも知られている．有限階数の自由群については，定理 1.4 と定理 1.9 により，語の問題と共役元問題はそれぞれ肯定的に解決される．有限階数の自由アーベル群についても同様に解決されることは明らかであろう．他にはどんな例があるだろうか．いきなり文献を調べる前に手頃な例で思考錯誤してみるのも面白いかもしれない．

2.5 問題

問題 2.1 任意の有限群は有限表示を持つことを示せ．

解答． G を有限群とする．G の生成系として G 自身をとり，関係式として G の乗積表に現れる式すべてを持ってくれば，これが一つの有限表示になる．実際，$X := \{x_g \,|\, g \in G\}$ 上の自由群 $F(X)$ および，対応 $x_g \mapsto g$ による標準的な全射準同型 $\varphi : F(X) \to G$ を考える．$R := \{x_g x_h x_{gh}^{-1} \,|\, g, h \in G\}$ とおくと，$x_1 \in R$ であり，$R \subset \mathrm{Ker}(\varphi)$．任意の $w \in \mathrm{Ker}(\varphi)$ に対して，$w = x_{g_1}^{e_1} \cdots x_{g_r}^{e_r}$ とおく．すると，$w \equiv x_{g_1^{e_1}} \cdots x_{g_r^{e_r}} \pmod{\mathrm{NC}_{F(X)}(R)}$．このとき，

$v := x_{g_1^{e_1} g_2^{e_2}} x_{g_2^{e_2}}^{-1} x_{g_1^{e_1}}^{-1} \in R^{-1}$ に対して，$vw \equiv x_{g_1^{e_1} g_2^{e_2}} x_{g_3^{e_3}} \cdots x_{g_r^{e_r}}$ $(\mathrm{mod}\ \mathrm{NC}_{F(X)}(R))$．これを繰り返すと，最終的に，ある $u \in \mathrm{NC}_{F(X)}(R)$ が存在して，$uw \equiv x_{g_1^{e_1} \cdots g_r^{e_r}}$ $(\mathrm{mod}\ \mathrm{NC}_{F(X)}(R))$ となる．ここで，$uw \in \mathrm{Ker}(\varphi)$ であるから，$g_1^{e_1} \cdots g_r^{e_r} = 1$ である．つまり，$uw = x_1 \in R$ となり，$w \in \mathrm{NC}_{F(X)}(R)$ となる．□

問題 2.2 有理数全体からなる加法群 $\mathbb{Q}$ は，$x_n \mapsto 1/n!$ なる対応を考えることで，

$$\langle x_n\ (n \in \mathbb{N}) \mid x_{n+1}^{n+1} = x_n\ (n \in \mathbb{N})\rangle$$

なる表示を持つことを示せ．

解答． $X := \{x_n \mid n \in \mathbb{N}\}$ 上の自由群 $F(X)$ および，対応 $x_n \mapsto 1/n!$ による標準的準同型写像 $f : F(X) \to \mathbb{Q}$ を考える．任意の有理数 $x = \frac{n}{m}$ $(m \in \mathbb{N}, n \in \mathbb{Z})$ に対して，$x = \varphi(x_m^{n((m-1)!)})$ であるから，φ は全射．また，$R := \{x_{n+1}^{n+1} x_n^{-1} \mid n \in \mathbb{N}\}$ とおくと，$R \subset \mathrm{Ker}(\varphi)$ である．したがって，題意の表示群を G とおくと，φ は全射準同型写像 $\widetilde{\varphi} : G \to \mathbb{Q}$ を誘導する．以下，これが単射であることを示す．

まず，G は可換群である．実際，任意の x_i, x_j $(i < j)$ に対して，

$$x_i = x_{i+1}^{i+1} = x_{i+2}^{(i+2)(i+1)} = \cdots = x_j^{j!/i!}$$

と書けるので，$[x_i, x_j] = 1$ である．すなわち，G は可換群である．よって，G の任意の元 x は，ある $n \geq 1$ に対して，$x = x_1^{e_1} x_2^{e_2} \cdots x_n^{e_n}$ の形に表せるが，上の関係式を用いれば，

$$x = x_n^{\frac{n!}{1!}e_1 + \frac{n!}{2!}e_2 + \cdots + \frac{n!}{n!}e_n}$$

と書ける．そこで，任意の $x \in \mathrm{Ker}(\widetilde{\varphi})$ に対して，上の表記を用いれば，

$$0 = \frac{1}{n!}\left(\frac{n!}{1!}e_1 + \frac{n!}{2!}e_2 + \cdots + \frac{n!}{n!}e_n\right)$$

であるから $x = x_n^0 = 1$ を得る．つまり，$\widetilde{\varphi}$ は単射である．□

問題 2.3 表示で定義された群

$$G := \langle\, a, b, c, d \mid ab = c,\ bc = d,\ cd = a,\ da = b\rangle$$

は巡回群に同型である．G の位数を求めよ．

解答． ティーツェ変換を用いて生成元を順次消去する．まず $ab=c$ を用いて c を消去し，続いて $bab=d$ を用いて d を消去すると，$G\cong\langle\, a,b\,|\,ab^2ab=a,\ baba=b\,\rangle$ となる．そこで，二つ目の関係式 $bab=ba^{-1}$ を用いて一つ目の式を変形すると，$a=b^2$ となる．この式を用いて a を消去すれば，$G\cong\langle\, b\,|\,b^5=1\,\rangle$ となる．よって，G の位数は5である．□

問題 2.4 $n\geq 2$ に対し，正二面体群 D_n のアーベル化を求めよ[49]．

[49] 有限生成群の"アーベル化を求めよ"とは，単に，表示に交換子を付け足せということではなく，"同型類を決定せよ"という意味である．

解答． 正二面体群の表示 $D_n=\langle\, x,y\,|\,x^n=y^2=1,\ yx=x^{-1}y\,\rangle$ を用いると，

$$D_n^{\mathrm{ab}}\cong\langle\, x,y\,|\,x^n=y^2=1,\ yx=x^{-1}y,\ xy=yx\,\rangle$$

である．このとき，関係式 $yx=x^{-1}y$ は $xy=yx$ を用いると $x^2=1$ と同値であるから，

$$D_n^{\mathrm{ab}}\cong\langle\, x,y\,|\,x^n=y^2=1,\ x^2=1,\ xy=yx\,\rangle$$

そこで，n が奇数であれば，$x^n=1$ と $x^2=1$ より $x=1$ が得られるので，$D_n^{\mathrm{ab}}\cong\langle\, y\,|\,y^2=1\,\rangle\cong\mathbb{Z}/2\mathbb{Z}$ である．一方，n が偶数であれば，$x^n=1$ は $x^2=1$ より得られるので，$D_n^{\mathrm{ab}}\cong\langle\, x,y\,|\,x^2=y^2=1,\ xy=yx\,\rangle\cong(\mathbb{Z}/2\mathbb{Z})^2$ となる．□

問題 2.5 表示で定義された群

$$G_1:=\langle\, a,b\,|\,aba^{-1}=b\rangle,\quad G_2:=\langle\, a,b\,|\,aba^{-1}=b^{-1}\rangle$$

を考える．G_1 と G_2 は同型でないことを示せ．

解答． アーベル化を考えると，$G_1^{\mathrm{ab}}=G_1=\mathbb{Z}^2$ であり，

$$G_2^{\mathrm{ab}}\cong\langle\, a,b\,|\,b^2=1,\ ab=ba\rangle\cong\mathbb{Z}\times\mathbb{Z}/2\mathbb{Z}$$

であるので，$G_1\not\cong G_2$ である．□

問題 2.6 l,m,n を整数とし，

$$D(l,m,n) := \langle x, y \mid x^l = y^m = (xy)^n = 1 \rangle$$

とおく[50]．

(1) 新しい生成元 a を $a = xy$ によって導入し，生成元 x を消去した表示をティーツェ変換によって求めよ．

(2) (1) で得られた表示において，新しい生成元 b を $b = y^{-1}$ によって導入し，生成元 y を消去した表示をティーツェ変換によって求めよ．

(3) $D(l,m,n) \cong D(n,m,l)$ を示せ．

[50] 一般に，**フォン・ディック群** (von Dyck group) という．

解答. (1), (2) はティーツェ変換を施せばよい．

(1) $\langle y, a \mid (ay^{-1})^l = y^m = a^n = 1 \rangle$.

(2) $\langle a, b \mid (ab)^l = b^m = a^n = 1 \rangle$[51]．

(3) (1), (2) より，直ちに得られる．□

[51] 関係式 $b^{-m} = 1$ は $b^m = 1$ と同値であることに注意せよ．

問題 2.7 $p, q > 1$ を互いに素な自然数とし，

$$G_1 := \langle x_1, x_2 \mid x_1^p = x_2^q = 1,\ [x_1, x_2] = 1 \rangle, \quad G_2 := \langle y \mid y^{pq} = 1 \rangle$$

とおく．G_1 と G_2 が同型であることをティーツェ変換を用いて示せ．

解答. 定理 2.26 の方針で示す．仮定より，$pa + qb = 1$ となる整数 $a, b \in \mathbb{Z}$ が存在する．これを固定する．以下，ティーツェ変換の結果のみ記述する．

$$\begin{aligned}
G_1 &= \langle x_1, x_2 \mid x_1^p = x_2^q = 1,\ [x_1, x_2] = 1 \rangle \\
&\cong \langle x_1, x_2, y \mid x_1^p = x_2^q = 1,\ [x_1, x_2] = 1,\ y = x_1^b x_2^a \rangle \\
&\cong \langle x_1, x_2, y \mid x_1^p = x_2^q = 1,\ [x_1, x_2] = 1,\ y = x_1^b x_2^a,\ x_1 = y^q, \\
&\qquad x_2 = y^p \rangle \\
&\cong \langle x_1, x_2, y \mid x_1^p = x_2^q = 1,\ [x_1, x_2] = 1,\ y = x_1^b x_2^a,\ x_1 = y^q, \\
&\qquad x_2 = y^p,\ y^{pq} = 1 \rangle \\
&\cong \langle y \mid y^{pq} = 1,\ [y^p, y^q] = 1 \rangle \\
&\cong \langle y \mid y^{pq} = 1 \rangle \\
&= G_2.
\end{aligned}$$

□

3 部分群の表示

一般に，表示が与えられた群の部分群の表示がどのようになるかということは非常に難しい問題である．自由群の部分群のように，もとの群が有限生成であっても，部分群が有限生成でない例は簡単に構成できる．このことは，有限次元ベクトル空間の部分空間の次元は元のベクトル空間の次元を超えないといった，線型代数の感覚からかけ離れたものであり，組合せ群論の考察にはより深い注意力が必要であることを暗に示している．

この章では，表示が与えられた群の部分群の表示を求める，ライデマイスター[52] – シュライアー[53] の方法について解説する [54]．これは，部分群の生成元と関係式を機械的に求めることができるアルゴリズムを与えているという点で大変有益ではあるが，ある種の"存在定理"とでもいうべきものであり，いつでも計算が可能なわけではない．というか，現実的には，適用可能な例をいかに見つけられるかどうかということのほうが問題である．

本書の後半では，2 次の一般線型群の部分群を用いる際にライデマイスター – シュライアーの方法を応用し，その威力を実感する．本章では，演習問題も含めて簡単な例を少し紹介する程度にとどめる．

52) Kurt Werner Friedrich Reidemeister (1893.10.13 – 1971.7.8).

copyright: MFO

ドイツ出身の数学者．ハンブルク大学ではヘッケに師事し，1921 年に代数的整数論に関する論文で学位を取得した．1925 年にケーニヒスベルグ大学で教授に就任するが，解任され，1934 年にマールブルグ大学に再就職した．第二次世界大戦後の 1948 年から 1950 年にかけてプリンストン高等研究所を訪問．1955 年にゲッティンゲン大学の教授に就任し，晩年まで過ごした．

53) Otto Schreier. (1901.3.3 – 1929.6.2). オーストリア出身の数学者．組合せ群論やリー群論に関する結果でその名が知られている．1923 年にウィーン大学で学位を取得．1925 年からハンブルク大学で教鞭をとった．1928 年のクリスマスの頃に敗血症を患って他界した．特効薬のサルファ剤が開発されたのはほんの 2，3 年後のことであった．

3.1 ライデマイスター – シュライアーの方法

以下特に断らない限り，G を群，H を部分群，T を G の H 剰余類たちの代表系で，$T \cap H = \{1\}$ なるものとする．

定義 3.1（代表函数）各 $g \in G$ に対して，$(\mathrm{mod}\ H)$ に関して g と

合同で T に属する元を $\tau_G(g)$ と表す．すなわち，

$$\tau_G(g) := T \cap Hg.$$

このとき，写像 $\tau_G : G \to T$ を**代表函数** (representation function) という [55]．特に混乱の恐れがないときは簡単のため，$\tau_G(g) = \overline{g}$ と書く．明らかに，

(1) 各 $g \in G$ に対して，$g(\overline{g})^{-1} \in H$.
(2) 各 $g \in G, h \in H$ に対して，$\overline{\overline{g}\,h} = \overline{gh}$

が成り立つ．

まず，H の生成系を考えよう．各 $t, x \in G$ に対して[56]，

$$(t, x) := \overline{t}x(\overline{tx})^{-1} \in H$$

とおく．

補題 3.2 上の記号の下，次が成り立つ．

(1) $(\overline{t}, x) = (t, x)$.
(2) $(t, x^{-1}) = (tx^{-1}, x)^{-1}$.

証明．簡単な計算で確かめられる．□

定理 3.3（**部分群の生成系**）X を G の生成系とする．このとき，

$$H = \langle\, (t, x) \,|\, t \in T,\ x \in X \,\rangle$$

が成り立つ．

証明．任意の $h \in H$ に対して，$h \in G$ であるから，ある $s_1, s_2, \ldots, s_m \in X^{\pm 1}$ が存在して，$h = s_1 s_2 \cdots s_m$ と書ける．そこで，

$$v_0 := 1,\ v_i := s_1 s_2 \cdots s_i\ (1 \le i \le m),$$
$$t_i := \overline{v_i}\ (0 \le i \le m)$$

とおくと，$t_0 = t_m = 1$ に注意して，

$$h = t_0 s_1 (t_1 t_1^{-1}) s_2 (t_2 t_2^{-1}) \cdots s_{m-1} (t_{m-1} t_{m-1}^{-1}) s_m t_m$$

54) 元々はライデマイスターが，有限表示群の正規部分群の表示を求める方法を幾何学的に与え，これをハンブルク大学の講義で解説したところ，それを聴講していたシュライアーが一般の部分群に適用できるような代数的手法を確立したことから両者の名が冠されている．

55) 中学高等学校の教科書では，「かんすう」は関数と書かれるが，元々は函数と書かれた．その理由としては，英語の "function" を中国語で表す際に「函」の音読みが function の発音に近かったことや，「函」は「箱」に通じており，関数の本質であるブラックボックスを意味する漢字として適していることなど，諸説あるようである．現代でも，日本数学会の分科会名など，「函数」という表記は頻繁に用いられている．本書では伝統にしたがって，「函数」と表記する．

56) 本書の後半で考えるのは，ほぼすべて $t \in T$ なる場合であり，この場合は $\overline{t} = t$ である．

となる．このとき，各 $1 \leq i \leq m$ に対して，

$$t_i = \overline{v_i} = \overline{v_{i-1}s_i} = \overline{\overline{v_{i-1}}s_i} = \overline{t_{i-1}s_i}$$

であるから，$t_{i-1}s_it_i = (t_{i-1}, s_i)$ である．ゆえに，

$$h = (t_0, s_1)(t_1, s_2)\cdots(t_{m-1}, s_m)$$

と書ける．もし $s_i \in X^{-1}$ である場合は，補題 3.2 により，

$$(t_{i-1}, s_i) = (t_{i-1}s_i, s_i^{-1})^{-1} = (t_i, s_i^{-1})^{-1}$$

となることに注意すれば，h が (t, x) $(t \in T, x \in X)$ なる形の元の語として書けることが分かる □

直ちに以下の系を得る．

系 3.4 G が有限生成で，H の G における指数が有限であれば H は有限生成である[57]．

[57] G が有限生成で，H の G における指数が無限であっても H が有限生成になることはある．

定義 3.5（シュライアー代表系）F を X 上の自由群，H を F の部分群，T を F の H 剰余類たちの代表系とする．T が

(1) $T \cap H = \{1\}$.
(2) 任意の $t \in T$ に対して，$t = x_1^{e_1}x_2^{e_2}\cdots x_k^{e_k}$ を T の既約表示とするとき，$x_1^{e_1}x_2^{e_2}\cdots x_{k-1}^{e_{k-1}} \in T$.

を満たすとき，T を H の**シュライアー代表系** (Schreier transversal) という．以下，T の元はすべて既約表示されているものとする．

定理 3.6 F を X 上の自由群，H を F の部分群とする．H のシュライアー代表系は存在する[58]．

[58] この定理はあくまで理論的な存在性を示すものであり，具体的に扱いやすい形のシュライアー代表系がいつでも手に入るかというと，そんなことはまったくない．むしろ，手頃なシュライアー代表系を構成することは甚だ困難である場合が多い．

証明．F の部分集合 U が

(1) $t \neq t'$ なる任意の $t, t' \in U$ に対して，$Ht \neq Ht'$.
(2) 任意の $t \in U$ に対して，$t = x_1^{e_1}x_2^{e_2}\cdots x_k^{e_k}$ を T の既約表示とするとき，$x_1^{e_1}x_2^{e_2}\cdots x_{k-1}^{e_{k-1}} \in U$.

を満たすとき，U を H の**部分的シュライアー代表系** (partial Schreier

transversal) という．

$$\mathcal{T} := \{U \subset F \,|\, U \text{ は } H \text{ の部分的シュライアー代表系}\}$$

とおく．特に，$\{1\} \in \mathcal{T}$ である．$\mathcal{T}$ は包含関係 $\subset$ により順序集合になる．$\mathcal{T}$ の空でない全順序部分集合 $\mathcal{U} \subset \mathcal{T}$ に対して，

$$U' := \bigcup_{U \in \mathcal{U}} U$$

とおくと，$U' \in \mathcal{T}$ であり，U' は $\mathcal{U}$ の上界である．したがって，ツォルンの補題より $\mathcal{T}$ は極大元 T を持つ．

任意の $w = x_1^{e_1} x_2^{e_2} \cdots x_r^{e_r} \in F$ をとる．このとき，$1 \in T$ であるから，ある $1 \leq i \leq r+1$ で，$x_1^{e_1} \cdots x_{i-1}^{e_{i-1}} \in T$ となるものが存在する．このとき，もし $x_1^{e_1} \cdots x_{i-1}^{e_{i-1}} x_i^{e_i} \notin HT$ とすると，

$$T \cup \{x_1^{e_1} \cdots x_{i-1}^{e_{i-1}} x_i^{e_i}\}$$

は T を真に含む部分的シュライアー代表系であり，これは T の極大性に反する．ゆえに，$x_1^{e_1} \cdots x_{i-1}^{e_{i-1}} x_i^{e_i} \in HT$．そこで，$x_1^{e_1} \cdots x_{i-1}^{e_{i-1}} x_i^{e_i} = ht$ $(h \in H,\ t \in T)$ とおく．すると同様の議論により，$tx_{i+1}^{e_{i+1}} \in HT$ であることが分かり，$tx_{i+1}^{e_{i+1}} = h't'$ $(h' \in H,\ t' \in T)$ と書ける．この議論を繰り返すことで，$w \in HT$ であることが分かる．ゆえに，T は H 剰余類の代表系であり，したがってシュライアー代表系である．□

さて，$G = \langle X \mid R \rangle$ を表示が与えられた群とし，F を X 上の自由群，$\varphi : F \to G$ を標準的な全射，$N := \mathrm{Ker}(\varphi)$ とする．$N = \mathrm{NC}_F(R)$ である．H を G の部分群，$H' := \varphi^{-1}(H)$，T を F における H' についてのシュライアー代表系とする．さらに，

$$X' := \{(t, x) \in F \,|\, t \in T,\ x \in X,\ (t, x) \neq 1\}$$

とおく．形式的に，

$$X^* := \{(t, x)^* \,|\, t \in T,\ x \in X,\ (t, x) \neq 1\}$$

なる集合を考え，F^* を X^* 上の自由群，$\psi : F^* \to H'$ を $(t, x)^* \mapsto (t, x)$ により定まる標準的な全射とする．

次に，各 $y \in F$ に対して，y の既約表示を $y = x_1^{e_1} x_2^{e_2} \cdots x_k^{e_k}$ とするとき，

$$\rho(y) := (1, x_1^{e_1})^* (\overline{x_1^{e_1}}, x_2^{e_2})^* (\overline{x_1^{e_1} x_2^{e_2}}, x_3^{e_3})^* \cdots (\overline{x_1^{e_1} x_2^{e_2} \cdots x_{k-1}^{e_{k-1}}}, x_k^{e_k})^*$$

とおく．ただし，

$$(\overline{x_1^{e_1} x_2^{e_2} \cdots x_{i-1}^{e_{i-1}}}, x_i^{e_i})^* := \begin{cases} (\overline{x_1^{e_1} x_2^{e_2} \cdots x_{i-1}^{e_{i-1}}}, x_i)^*, & e_i = 1 \\ ((\overline{x_1^{e_1} x_2^{e_2} \cdots x_{i-1}^{e_{i-1}} x_i^{-1}}, x_i)^*)^{-1}, & e_i = -1 \end{cases}$$

である．後で示すように，ρ は各 $w \in H'$ を X' に含まれる元の積で書き表す方法を与えているものである．

補題 3.7 上記の記号を踏襲する．このとき以下が成り立つ．

(1) $t \in T$, $y \in X^{\pm 1}$ とし，$(t, y) \neq 1$ とする．このとき，$(t, y) = ty(\overline{ty})^{-1}$ は F における既約表示である．

(2) $t_1, t_2 \in T$, $y_1, y_2 \in X^{\pm 1}$ とし，$(t_1, y_1) = (t_2, y_2) \neq 1$ とする．すると，$t_1 = t_2$ かつ $y_1 = y_2$ である．

(3) $w = (t_1, y_1) \cdots (t_k, y_k)$ $(t_i \in T, y_i \in X^{\pm 1})$ とする．各 $1 \leq i \leq k-1$ に対して $(t_i, y_i)(t_{i+1}, y_{i+1}) \neq 1$ であれば，$w \neq 1$ である．

証明. (1) t と y および，y と $(\overline{ty})^{-1}$ の間で文字の消去が起こらないことを示せばよい．もし，t と y の間で文字の消去が起こったとすると，t の右端の文字は y^{-1} である．すると，T はシュライアー代表系であるから，$ty \in T$ である．よって，$(t, y) = ty(\overline{ty})^{-1} = ty(ty)^{-1} = 1$ となり矛盾．次に，y と $(\overline{ty})^{-1}$ の間で消去が起こったとする．すると，$\overline{ty}$ の右端の文字は y である．よって，$(\overline{ty})y^{-1} \in T$ である．$t = (t, y)(\overline{ty})y^{-1}$ であるから，

$$t = \bar{t} = \overline{(t, y)(\overline{ty})y^{-1}} = \overline{\overline{(t, y)}(\overline{ty})y^{-1}} = \overline{(\overline{ty})y^{-1}} = (\overline{ty})y^{-1}$$

となり，この場合も $(t, y) = ty(\overline{ty})^{-1} = ty(ty)^{-1} = 1$ となり矛盾．

(2) $(t_1, y_1) = (t_2, y_2)$ より，$t_1 y_1 (\overline{t_1 y_1})^{-1} = t_2 y_2 (\overline{t_2 y_2})^{-1}$ となる．もし $l_*(t_1) = l_*(t_2)$ であるとすると，(1) の結果より上式の両辺は既約表示であるから $t_1 = t_2$ でなければならない．これは矛盾．

よって，$l_*(t_1) \neq l_*(t_2)$．対称性より $l_*(t_1) \leq l_*(t_2)$ であるとしてよい．このとき，t_1y_1 は t_2 の初めの左側部分になっている．すると，T はシュライアー代表系であるから，$t_1y_1 \in T$ である．よって，$(t_1, y_1) = 1$ となり矛盾．ゆえに，$t_1 = t_2$ である．このとき，$y_1(\overline{t_1y_1})^{-1} = y_2(\overline{t_2y_2})^{-1}$ であり，これは既約表示であるから，左端の語を比べて $y_1 = y_2$ を得る．

(3) 各 $1 \leq i \leq k-1$ に対して，

$$t_i,\ y_i,\ (\overline{t_iy_i})^{-1}t_{i+1},\ y_{i+1},\ (\overline{t_{i+1}y_{i+1}})^{-1}$$

の各語の間で文字の消去が起こらないことを示す．(1) により，t_i と y_i および，y_{i+1} と $(\overline{t_{i+1}y_{i+1}})^{-1}$ の間では文字の消去は起こらない．まず，$(\overline{t_iy_i})^{-1}t_{i+1} = 1$ の場合を考える．このときは $y_i^{-1} \neq y_{i+1}$ であることを示せばよい．そこで，$y_i^{-1} = y_{i+1}$ となったとする．このとき，

$$(t_i, y_i)(t_{i+1}, y_{i+1}) = t_i(\overline{t_{i+1}y_{i+1}})^{-1}$$

であるから，

$$\begin{aligned} t_i = \overline{t_i} &= \overline{(t_i, y_i)(t_{i+1}, y_{i+1})\,\overline{t_{i+1}y_{i+1}}} \\ &= \overline{\overline{(t_i, y_i)(t_{i+1}, y_{i+1})}\,\overline{t_{i+1}y_{i+1}}} = \overline{t_{i+1}y_{i+1}} \end{aligned}$$

となる．これより，$(t_i, y_i)(t_{i+1}, y_{i+1}) = 1$ となり矛盾．

次に，$(\overline{t_iy_i})^{-1}t_{i+1} \neq 1$ の場合を考える．y_i と $(\overline{t_iy_i})^{-1}t_{i+1}$，および $(\overline{t_iy_i})^{-1}t_{i+1}$ と y_{i+1} の間で文字の消去が起こらないことを示す．y_i と $(\overline{t_iy_i})^{-1}t_{i+1}$ の間で文字の消去が起こったとする．(1) の結果より，y_i と $(\overline{t_iy_i})^{-1}$ の間では消去は起こらないので，t_{i+1} の初めの左側部分は，$(\overline{t_iy_i})y_i^{-1}$ となっていなければならない．すると，T はシュライアー代表系であるから，$(\overline{t_iy_i})y_i^{-1} \in T$ である．このとき，

$$\begin{aligned} t_i = \overline{t_i} &= \overline{(t_i, y_i)(\overline{t_iy_i})y_i^{-1}} = \overline{\overline{(t_i, y_i)}(\overline{t_iy_i})y_i^{-1}} = \overline{(\overline{t_iy_i})y_i^{-1}} \\ &= (\overline{t_iy_i})y_i^{-1} \end{aligned}$$

となる．これは $(t_i, y_i) = 1$ を示し矛盾である．$(\overline{t_iy_i})^{-1}t_{i+1}$ と y_{i+1} の間で文字の消去が起こる場合は，$\overline{t_iy_i}$ の初めの左側部分は $t_{i+1}y_{i+1}$ となり，$t_{i+1}y_{i+1} \in T$ である．この場合も同様にして，$(t_{i+1}, y_{i+1}) = 1$ となり矛盾．ゆえに，$w \neq 1$ である．□

定理 3.8（ライデマイスター – シュライアーの方法）上記の記号を踏襲する．

$$R^* := \{\rho(trt^{-1}) \in F^* \mid t \in T, r \in R\} \subset F^*$$

とおくとき，$H = \langle X^* \mid R^* \rangle$．

証明．状況を図示すると以下のようになる．

$$\begin{array}{ccccc} & & F & \xrightarrow{\varphi} & G \\ & & \cup & & \cup \\ F^* & \xrightarrow{\iota} & H' & \xrightarrow{\varphi|_{H'}} & H \\ \Cup & & \Cup & & \\ (t,x)^* & \longrightarrow & (t,x) & & \end{array}$$

今，補題 3.7 の (3) と定理 1.17 により，H' は X' を基底とする自由群である．ゆえに，対応 $(t,x)^* \mapsto (t,x)$ より誘導される準同型写像 $\iota : F^* \to H'$ は同型写像である．そこで，$\psi := \varphi|_{H'} \circ \iota : F^* \to H$ とおくと ψ は全射準同型である．$\mathrm{NC}_{F^*}(R^*) = \mathrm{Ker}(\psi)$ であることを示そう．

(1) $\mathrm{NC}_{F^*}(R^*) \subset \mathrm{Ker}(\psi)$ であること．まず，任意の $w \in F$ に対して，$\iota(\rho(w)) = w(\overline{w})^{-1}$ となることを示そう．$w = y_1 y_2 \cdots y_k$ $(y_i \in X^{\pm 1})$ とする．すると，

$$\begin{aligned} \iota(\rho(w)) &= (1, y_1)(\overline{y_1}, y_2)(\overline{y_1 y_2}, y_3) \cdots (\overline{y_1 y_2 \cdots y_{k-1}}, y_k) \\ &= y_1(\overline{y_1})^{-1} \cdot \overline{y_1} y_2 (\overline{\overline{y_1} y_2})^{-1} \cdot \overline{y_1 y_2} y_3 (\overline{\overline{y_1 y_2} y_3})^{-1} \\ &\qquad \cdots \overline{y_1 y_2 \cdots y_{k-1}} y_k (\overline{\overline{y_1 y_2 \cdots y_{k-1}} y_k})^{-1} \\ &= y_1 y_2 \cdots y_k (\overline{y_1 y_2 \cdots y_k})^{-1} = w(\overline{w})^{-1} \end{aligned}$$

となる[59]．ゆえに，$w \in H'$ のとき，$\iota(\rho(w)) = w$ である．したがって，各 $t \in T, r \in R$ に対して，

[59] $\overline{\overline{y}y'} = \overline{yy'}$ に注意せよ．

$$\psi(\rho(trt^{-1})) = (\varphi|_{H'} \circ \iota)(\rho(trt^{-1})) = \varphi|_{H'}(trt^{-1}) = 1 \in G$$

を得る．したがって，$\mathrm{NC}_{F^*}(R^*) \subset \mathrm{Ker}(\psi)$ である．

(2) $\mathrm{NC}_{F^*}(R^*) \supset \mathrm{Ker}(\psi)$ であること．任意の $y^* \in \mathrm{Ker}(\psi)$ に対

して，$\iota(y^*) \in \mathrm{Ker}(\varphi)$ であるから，

$$\iota(y^*) = u_1 r_1 u_1^{-1} \cdots u_m r_m u_m^{-1} \qquad (u_i \in F,\ r_i \in R^{\pm 1})$$

と書ける．このとき，各 $1 \leq i \leq m$ に対して，$t_i := \overline{u_i} \in T$ とおくと，ある $h_i \in H'$ が存在して $u_i = h_i t_i$ と書ける．よって，(1) で述べたことにより，

$$u_i r_i u_i^{-1} = \iota(\rho(u_i r_i u_i^{-1})) = \iota(\rho(h_i t_i r_i t_i^{-1} h_i^{-1}))$$

となる．一般に，$h, w \in H'$ に対して，$h = z_1 z_2 \cdots z_l$，$w = y_1 y_2 \cdots y_k$ $(y_i, z_i \in X^{\pm 1})$ とおくと，

$$\begin{aligned}\iota(\rho(hwh^{-1})) = (1, z_1)(\overline{z_1}, z_2)(\overline{z_1 z_2}, z_3) \cdots (\overline{z_1 z_2 \cdots z_{l-1}}, z_l) \\ \cdot (\overline{h}, y_1)(\overline{hy_1}, y_2)(\overline{hy_1 y_2}, y_3) \cdots (\overline{hy_1 y_2 \cdots y_{k-1}}, y_k) \\ \cdot (\overline{hw}, z_l^{-1})(\overline{hwz_l^{-1}}, z_{l-1}^{-1})(\overline{hwz_l^{-1} z_{l-1}^{-1}}, z_{l-2}^{-1}) \\ \cdots (\overline{hwz_l^{-1} z_{l-1}^{-1} \cdots z_2^{-1}}, z_1^{-1})\end{aligned}$$

となるが，補題 3.2 を用いることで，

$$\begin{aligned}&(\overline{hw}, z_l^{-1})(\overline{hwz_l^{-1}}, z_{l-1}^{-1}) \cdots (\overline{hwz_l^{-1} z_{l-1}^{-1} \cdots z_2^{-1}}, z_1^{-1}) \\ &\quad = (\overline{hw} z_l^{-1}, z_l)^{-1} (\overline{hwz_l^{-1}} z_{l-1}^{-1}, z_{l-1})^{-1} \\ &\qquad \cdots (\overline{hwz_l^{-1} z_{l-1}^{-1} \cdots z_2^{-1}} z_1^{-1}, z_1)^{-1} \\ &\quad = (\overline{hwh^{-1} z_1 z_2 \cdots z_{l-1}}, z_l)^{-1} (\overline{hwh^{-1} z_1 z_2 \cdots z_{l-2}}, z_{l-1})^{-1} \\ &\qquad \cdots (\overline{hwh^{-1}}, z_1)^{-1} \\ &\quad = (\overline{z_1 z_2 \cdots z_{l-1}}, z_l)^{-1} (\overline{z_1 z_2 \cdots z_{l-2}}, z_{l-1})^{-1} \cdots (1, z_1)^{-1}\end{aligned}$$

である．ゆえに，

$$u_i r_i u_i^{-1} = \iota(\rho(h_i t_i r_i t_i^{-1} h_i^{-1})) = \iota(\rho(h_i)) \cdot \iota(\rho(t_i r_i t_i^{-1})) \cdot \iota(\rho(h_i))^{-1}$$

となるので，ι が同型写像であることに注意すれば，

$$\begin{aligned}y^* =& \rho(h_1)\rho(t_1 r_1 t_1^{-1})\rho(h_1)^{-1} \cdots \rho(h_m)\rho(t_m r_m t_m^{-1})\rho(h_m)^{-1} \\ &\in \mathrm{NC}_{F^*}(R^*)\end{aligned}$$

を得る．□

定理 3.9（ニールセン–シュライアー）F を階数 n の自由群，H を指数 m の部分群とするとき，H は階数 $mn-m+1$ の自由群である．

証明. X を F の基底とし，T を F における H のシュライアー代表系とする．

$$X' := \{(t,x) \in F \mid t \in T,\ x \in X,\ (t,x) \neq 1 \in F\}$$

とおくと，補題 3.7 の (3) と定理 1.17 により，H は X' を基底とする自由群である．$|T| = m$, $|X| = n$ であるから，$(t,x) \in F$ の選び方は mn 通りある．そこで，$(t,x) = 1$ となる組が $m-1$ 個あることを示せばよい．

$$L := \{(t,x) \in T \times X \mid (t,x) = 1 \in F\} \subset T \times X$$

とおく[60]．任意の $t \in T \setminus \{1\}$ に対して，t の既約表示を $t = x_1^{e_1} x_2^{e_2} \cdots x_r^{e_r}$ とするとき，

$$\psi(t) := \begin{cases} (t, x_r), & e_r = -1, \\ (tx_r^{-1}, x_r) & e_r = 1 \end{cases}$$

によって，写像 $\psi : T \setminus \{1\} \to L$ を定める[61]．

以下，ψ が全単射であることを示そう．$t, t' \in T \setminus \{1\}$ に対して，$\psi(t) = \psi(t')$ となったとする．$t = ux_r^{e_r}$, $t' = vx_s^{f_s}$ を既約表示とする．このとき，e_r と f_s は同符号である．実際，もし，$e_r = -1$, $f_s = 1$ となったとすると，$(t, x_r) = (t'x_s^{-1}, x_s) \in T \times X$ より，$r = s$, $t = t'x_s^{-1}$ である．よって，$t' = u$ となる．今，$f_s = 1$ ゆえ，u の右端は x_r となるが，これは $ux_r^{e_r}$ の間で文字の消去が起こることになり，t の既約表示であることに反する．$e_r = 1$, $f_s = -1$ の場合も同様である．そこで，$e_r = f_s = 1$ とすると，$\psi(t) = \psi(t')$ より $u = v$, $r = s$ であることが分かり，$t = t'$ となる．$e_r = f_s = -1$ の場合も同様である．したがって，ψ は単射．

次に，任意の $(t, x_s) \in L$ に対して，$t = ux_r^{e_r}$ を t の既約表示とする．今，$tx_s = ux_r^{e_r} x_s \in T$ である．よって，

[60] 簡単のための記号の乱用であることは否めないが，(t,x) は，$T \times X$ の元として考えているのか，F の元として考えているのか注意して読み進めるようにされたい．

[61] t はシュライアー代表系の元なので，$e_r = 1$ のとき $tx_r^{-1} \in T$ であることに注意されたい．

$$(t, x_s) = \begin{cases} \psi(tx_s), & \text{“}r \neq s\text{” または，“}r = s \text{ かつ } e_r = 1\text{”}, \\ \psi(t), & r = s \text{ かつ } e_r = -1 \end{cases}$$

となり，ψ が全射であることが分かる．ゆえに求める結果を得る．□

例 3.10 群 $B := \langle a, b \mid aba = bab \rangle$ および，3 次対称群 $\mathfrak{S}_3 = \langle x, y \mid xyx = yxy,\ x^2 = y^2 = 1 \rangle$ を考える．対応 $a \mapsto x,\ b \mapsto y$ により定まる全射準同型 $\psi : B \to \mathfrak{S}_3$ に対して，$\mathrm{Ker}(\psi)$[62] の表示を求めてみよう．

[62] これは 3 次の pure braid 群と呼ばれるものであり，位相幾何学では大変重要な群のうちの一つである．

a, b を基底とする自由群を F とし，$\varphi : F \to B$ を標準的な全射とする．$H := \mathrm{Ker}(\psi)$ とすると，$T := \{1, x, y, xy, yx, xyx\}$ は F における $H' = \psi^{-1}(H)$ のシュライアー代表系である．そこで，各 $t \in T$ に対して，$(t, x), (t, y)$ を計算すると次のようになる．

	1	x	y	xy	yx	xyx
x	1	x^2	1	1	yx^2y^{-1}	$xyx^2y^{-1}x^{-1}$
y	1	1	y^2	xy^2x^{-1}	$yxyx^{-1}y^{-1}x^{-1}$	$xyxyx^{-1}y^{-1}$

そこで，$z_1 := x^2$, $z_2 := y^2$, $z_3 := yx^2y^{-1}$, $z_4 := xy^2x^{-1}$, $z_5 := xyx^2y^{-1}x^{-1}$, $z_6 := xyxyx^{-1}y^{-1}$, $z_7 := yxyx^{-1}y^{-1}x^{-1}$ とおく．これらの間の関係式を求めよう．そのためには，$r := yxyx^{-1}y^{-1}x^{-1}$ とおいて，各 $t \in T$ に対して trt^{-1} を計算し，z_i たちを用いて表せばよい．これは以下の表のようになる．

t	1	x	y	xy	yx	xyx
trt^{-1}	z_7	$z_6z_1^{-1}$	$z_2z_5^{-1}z_7^{-1}$	$z_4z_1z_3^{-1}z_6^{-1}$	$z_7z_5z_4z_2^{-1}z_3^{-1}$	$z_6z_3z_2z_1^{-1}z_4^{-1}z_5^{-1}$

そこで，関係式 $z_7 = 1$, $z_6 = z_1$, $z_5 = z_2$ を用いて z_7, z_6, z_5 を消去する．さらに，関係式 $z_4 = z_1z_3z_1^{-1}$ を用いて z_4 を消去すれば，最終的に，

$$\mathrm{Ker}(\psi) = \langle z_1, z_2, z_3 \mid [z_1z_3, z_2] = 1, [z_2z_1, z_3] = 1 \rangle$$

を得る．

3.2 問題

問題 3.1 F を x, y を基底とする階数 2 の自由群とする．このとき，F の交換子群 $[F, F]$ の表示を求めよ．

解答. $[F, F]$ は F の部分群であるので自由群である．ライデマイスター－シュライアーの方法を用いて基底を求めよう．剰余群 $F/[F, F]$ は x, y を基底とする[63] 階数 2 の自由アーベル群である．ゆえに，$T := \{x^a y^b \mid a, b \in \mathbb{Z}\}$ とおくと，T は F における $[F, F]$ についての代表系である．さらに，これはシュライアー代表系になっている．任意の $t = x^a y^b \in T$ に対して，

$$(t, x) = x^a y^b x(\overline{x^a y^b x})^{-1} = x^a y^b x y^{-b} x^{-(a+1)}$$
$$(t, y) = x^a y^b y(\overline{x^a y^b y})^{-1} = 1$$

であるから，$[F, F]$ は

$$X := \{x^a y^b x y^{-b} x^{-(a+1)} \mid a, b \in \mathbb{Z},\ b \neq 0\}$$

を基底とする（無限階数の）自由群である．したがって，$[F, F] = \langle X \mid \{1\} \rangle$ となる．□

[63] 正しくは x と y の剰余類なので，$[x]$，$[y]$ などと書いたほうがよいかもしれないが，簡単のため，括弧は省略する．

問題 3.2 F を x, y を基底とする階数 2 の自由群とする．このとき，F の指数 2 の部分群をすべて求めよ．

解答. H を F の指数 2 の部分群とする．一般に，指数 2 の部分群は正規部分群であるから，H は F から $\mathbb{Z}/2\mathbb{Z}$ へのある全射準同型写像の核になっている．したがって，F から $\mathbb{Z}/2\mathbb{Z}$ への全射準同型写像 ψ がどれだけあるかを調べればよい．$\mathbb{Z}/2\mathbb{Z}$ の生成元を s とおく．自由群の普遍性より，ψ は基底 x, y の行き先を指定することで一意的に定まる．よって，ψ が全射になるようなものは

$$(x, y) \mapsto (s, 1),\ (1, s),\ (s, s)$$

の三つしかない．

そこで，$(x, y) \mapsto (s, 1)$ の場合を考えよう．$T := \{1, x\}$ は F における $\mathrm{Ker}(\psi)$ のシュライアー代表系である．このとき，

$$(1,x)=1,\ (1,y)=y,\ (x,x)=x^2,\ (x,y)=xyx^{-1}$$

となるので，H は $\{y, x, xyx^{-1}\}$ を基底とする階数3の自由群である．ψ がほかの場合も同様に，それぞれ，$\{x, y, yxy^{-1}\}$, $\{x^2, xy, yx^{-1}\}$ を基底とする自由群である．□

問題 3.3 群 $B := \langle a, b \,|\, aba = bab \rangle$ を考える．

(1) B のアーベル化を求めよ．

(2) B の交換子群 $[B, B]$ の表示を求めよ．

解答． (1) ティーツェ変換により，

$$\begin{aligned} B^{\mathrm{ab}} &= \langle a, b \,|\, aba = bab,\ [a,b]=1 \rangle \\ &\cong \langle a, b \,|\, a = b,\ [a,b]=1 \rangle \\ &\cong \mathbb{Z} \end{aligned}$$

となる．

(2) F を a, b を基底とする自由群とし，$\varphi : F \to B$ を標準的な全射準同型とする．すると，$T := \{a^e \,|\, e \in \mathbb{Z}\}$ は $\varphi^{-1}([B, B])$ の F におけるシュライアー代表系である．これを用いると，$X := \{z_e := a^e b a^{-(e+1)} \,|\, e \in \mathbb{Z}\}$ が $[B, B]$ の生成元であることが分かる．一方，$r := baba^{-1}b^{-1}a^{-1}$ とするとき，$a^e r a^{-e} = z_e z_{e+2} z_{e+1}^{-1}$ となるので，

$$[B, B] = \langle\, z_e\,(e \in \mathbb{Z}) \,|\, z_e z_{e+2} z_{e+1}^{-1} = 1\,(e \in \mathbb{Z}) \,\rangle$$

を得る．

今，$e \geq 0$ のとき，関係式 $z_{e+2} = z_e^{-1} z_{e+1}$ を用いることにより，z_e $(e \geq 2)$ が帰納的に z_0 と z_1 の語として書けることが分かる．同様に，$e < 0$ のとき，関係式 $z_e = z_{e+1} z_{e+2}^{-1}$ を用いることにより，z_e $(e \leq -1)$ が帰納的に z_0 と z_1 の語として書けることも分かる．したがって，これにより生成元を消去すると，$[B, B]$ は z_0, z_1 を基底とする自由群である．すなわち，$[B, B] = \langle z_0, z_1 \,|\, \{1\} \rangle$ となる．□

4 群の拡大と表示

前章では，表示が与えられた群の部分群の表示について考察したが，この章では与えられた群の，正規部分群とそれによる剰余群の表示が分かれば元の群の表示が求まることを解説する．したがって，前章の結果も合わせれば，群 G，正規部分群 N，および剰余群 G/N について，これらのうちの二つの群の表示が分かれば，理論的には残りの一つの群の表示も求まるということになる．本章の具体的な応用については，第 6 章で考察する．

4.1 群の拡大，半直積群

まず，簡単に群の拡大の定義から解説する．

定義 4.1（完全系列）群と準同型写像の列

$$G_1 \xrightarrow{f_1} G_2 \xrightarrow{f_2} G_3 \xrightarrow{f_3} \cdots \xrightarrow{f_{n-2}} G_{n-1} \xrightarrow{f_{n-1}} G_n$$

が，各 $1 \leq i \leq n-2$ に対して

$$\mathrm{Im}(f_i) = \mathrm{Ker}(f_{i+1})$$

を満たすとき，**完全系列** (exact sequence) という．

定義 4.2（群の拡大）完全系列

$$1 \to K \xrightarrow{\iota} G \xrightarrow{\pi} N \to 1$$

を**短完全系列** (short exact sequence) もしくは，**群の拡大** (group

extension) という[64]．群を明示するときは，G を K の N による**拡大** (extension of K by N) [65] という．

[64] 1 は自明な群を表す．加群の完全系列の場合は 0 を用いることが多いが，ここでは，非可換な乗法群も扱うので 1 と書くのが慣例である．

[65] 文献によっては，N の K による拡大ということもあるので注意が必要である．

補題 4.3（5 項補題） 群と準同型写像からなる可換図式

$$\begin{array}{ccccccccc}
1 & \longrightarrow & G_1 & \xrightarrow{f_1} & G_2 & \xrightarrow{f_2} & G_3 & \longrightarrow & 1 \\
 & & \downarrow{\scriptstyle\varphi_1} & & \downarrow{\scriptstyle\varphi_2} & & \downarrow{\scriptstyle\varphi_3} & & \\
1 & \longrightarrow & H_1 & \xrightarrow{g_1} & H_2 & \xrightarrow{g_2} & H_3 & \longrightarrow & 1
\end{array}$$

において，各行は群の拡大であるとする．もし，φ_1 と φ_3 が同型写像であれば，φ_2 も同型写像である．

証明． まず，φ_2 の全射性について考えよう．任意の $y \in H_2$ を取る．φ_3 は全射だから，ある $x_3 \in G_3$ が存在して，$g_2(y) = \varphi_3(x_3)$ となる．さらに，f_2 は全射であるから，ある $x_2 \in G_2$ が存在して，$x_3 = f_2(x_2)$ となる．このとき，

$$g_2(y) = \varphi_3 \circ f_2(x_2) = g_2 \circ \varphi_2(x_2)$$

となる．よって，$y\varphi_2(x_2)^{-1} \in \mathrm{Ker}(g_2)$ となるので，ある y_1 が存在して，$y\varphi_2(x_2)^{-1} = g_1(y_1)$ となる．さらに，φ_1 は全射ゆえ，ある $x_1 \in G_1$ が存在して $y_1 = \varphi_1(x_1)$ となる．したがって，

$$\begin{aligned}
y &= g_1(y_1)\varphi_2(x_2) = g_1(\varphi_1(x_1))\varphi_2(x_2) = \varphi_2(f_1(x_1))\varphi_2(x_2) \\
&= \varphi_2(f_1(x_1)x_2)
\end{aligned}$$

となり，$y \in \mathrm{Im}(\varphi_2)$ である．

次に，φ_2 の単射性について示す．$x \in G_2$ に対して，$\varphi_2(x) = 1$ となったとする．すると，$\varphi_3(f_2(x)) = g_2(\varphi_2(x)) = 1$ であり，φ_3 は単射であるから，$f_2(x) = 1$．ゆえに，ある $x_1 \in G_1$ が存在して $x = f_1(x_1)$ となる．すると，

$$g_1(\varphi_1(x_1)) = \varphi_2(f_1(x_1)) = \varphi_2(x) = 1$$

となるが，g_1 は単射ゆえ，$\varphi_1(x_1) = 1$ である．さらに，φ_1 は単射ゆえ $x_1 = 1$ を得る．つまり，$x = f_1(x_1) = 1$ を得る．したがって，$\mathrm{Ker}(\varphi_2) = \{1\}$ となり，φ_2 は単射である．□

さて，群の拡大の表示について考えよう．

$$1 \to K \xrightarrow{\iota} G \xrightarrow{\pi} N \to 1$$

を群の拡大とし，K と N の表示

$$K = \langle Y \mid S \rangle, \quad N = \langle X \mid R \rangle$$

が与えられているとする．これらを用いて G の表示を与えることを考えよう．簡単のため，X に対応する N の生成系も X と表すことにする．この意味において $X \subset N$ である[66]．同様に，$Y \subset K$ と考える．まず，$|X^*| = |X|$ かつ $|Y^*| = |Y|$ なる集合

66) $F(X)$ と N を同一視しているわけではないことに注意せよ．

$$X^* := \{x^* \mid x \in X\}, \quad Y^* := \{y^* \mid y \in Y\}$$

および，自由群 $F := F(X^* \cup Y^*)$ を考える．また，

$$S^* := \{(y_1^*)^{e_1} \cdots (y_k^*)^{e_k} \mid y_1^{e_1} \cdots y_k^{e_k} \in S\} \subset F$$

とおく．次に，$X' := \{x' \in G \mid x \in X\}$ を G における，X に関する $\mathrm{Im}(\iota)$ の剰余類の代表系[67]で，

67) 完全代表系ではない．あくまで X と一対一に対応するような G の部分集合のことである．

$$\pi(x') = x \quad (x \in X)$$

なるものとする．このとき，対応

$$y^* \mapsto \iota(y), \quad x^* \mapsto x' \quad (x \in X,\ y \in Y)$$

により，全射準同型写像 $\varphi : F \to G$ が定義される．各 $r = x_1^{f_1} \cdots x_l^{f_l} \in R$ に対して，$r^* := (x_1^*)^{f_1} \cdots (x_l^*)^{f_l} \in F$ とおくと，$\varphi(r^*) = (x_1')^{f_1} \cdots (x_l')^{f_l} \in \mathrm{Ker}(\pi) = \mathrm{Im}(\iota)$ であるから，

$$\varphi(r^*) = y_{r,1}^{e_1} \cdots y_{r,k}^{e_k} \quad (y_{r,i} \in Y,\ e_i = \pm 1)$$

と書ける．このとき，$v_r := (y_{r,1}^*)^{e_1} \cdots (y_{r,k}^*)^{e_k} \in F$ とおき，

$$R^* := \{r^* v_r^{-1} \in F \mid r \in R\}$$

とする．最後に，$\mathrm{Im}(\iota)$ は G の正規部分群であるから，任意の $x^* \in X^*$, $y^* \in Y^*$ に対して，$\varphi((x^*)^{-1} y^* x^*) \in \mathrm{Im}(\iota)$ である．よって，

$$\varphi((x^*)^{-1} y^* x^*) = y_{x,y,1}^{a_1} \cdots y_{x,y,k}^{a_k} \quad (y_{x,y,i} \in Y,\ a_i = \pm 1)$$

と書ける．このとき，$w_{x,y} := (y^*_{x,y,1})^{a_1} \cdots (y^*_{x,y,k})^{a_k} \in F$ とおき，

$$T^* := \{(x^*)^{-1} y^* x^* w_{x,y}^{-1} \in F \mid x^* \in X^*,\ y^* \in Y^*\}$$

とおく．

定理 4.4（群の拡大の表示） 上の記号の下，

$$G = \langle X^* \cup Y^* \mid R^* \cup S^* \cup T^* \rangle.$$

証明． $L := \langle X^* \cup Y^* \mid R^* \cup S^* \cup T^* \rangle$ とおく．すると，準同型写像 $\varphi : F \to G$ は準同型写像

$$\overline{\varphi} : L = F/\mathrm{NC}_F(R^* \cup S^* \cup T^*) \to G$$

を誘導する．L において Y^* で生成される部分群 $\langle Y^* \rangle$ を考える．$\overline{\varphi}$ の $\langle Y^* \rangle$ への制限

$$\overline{\varphi}|_{\langle Y^* \rangle} : \langle Y^* \rangle \to \mathrm{Im}(\iota), \quad y^* \mapsto \iota(y)$$

と $\iota^{-1} : \mathrm{Im}(\iota) \to K$ の合成写像を

$$\theta := \iota^{-1} \circ \overline{\varphi}|_{\langle Y^* \rangle} : \langle Y^* \rangle \to K, \quad y^* \mapsto y$$

とおく．一方，対応 $y \mapsto y^*$ $(y \in Y)$ によって準同型写像

$$\eta : K \to \langle Y^* \rangle$$

が誘導されるが，明らかに $\theta \circ \eta = \mathrm{id}_K$ かつ $\eta \circ \theta = \mathrm{id}_{\langle Y^* \rangle}$ が成り立つ．つまり，θ は同型写像である．よって，$\overline{\varphi}|_{\langle Y^* \rangle}$ も同型写像である．

次に，関係子 T^* を考えることにより，L において $\langle Y^* \rangle$ は正規部分群であることが分かる．ゆえに，$\overline{\varphi}$ は準同型写像 $\overline{\varphi}' : L/\langle Y^* \rangle \to G/\mathrm{Im}(\iota)$ を誘導する．このとき，$\pi : G \to N$ が誘導する同型写像 $\overline{\pi} : G/\mathrm{Im}(\iota) \to N$ に対し，

$$\theta' := \overline{\pi} \circ \overline{\varphi}' : L/\langle Y^* \rangle \to N, \quad x^* \mapsto x$$

とおく．一方，対応 $x \mapsto x^* \pmod{\langle Y^* \rangle}$ $(x \in X)$ によって準同型写像

$$\eta' : N \to L/\langle Y^* \rangle$$

が誘導されるが，明らかに $\theta' \circ \eta' = \mathrm{id}_N$ かつ $\eta' \circ \theta' = \mathrm{id}_{L/\langle Y^* \rangle}$ が成り立つ．つまり，θ' は同型写像である．このとき，以下の可換図式を得る．

$$\begin{array}{ccccccccc}
1 & \longrightarrow & \langle Y^* \rangle & \longrightarrow & L & \longrightarrow & L/\langle Y^* \rangle & \longrightarrow & 1 \\
 & & {\scriptstyle\theta}\downarrow & & {\scriptstyle\overline{\varphi}}\downarrow & & {\scriptstyle\theta'}\downarrow & & \\
1 & \longrightarrow & K & \xrightarrow{\iota} & G & \xrightarrow{\pi} & N & \longrightarrow & 1
\end{array}$$

今，θ, θ' は同型写像であるので，補題 4.3 より，$\overline{\varphi}$ は同型写像となり求める結果を得る．□

この定理の応用として，半直積群の表示について考えよう．まず初めに，群の群への作用について考える．

定義 4.5（群の群への作用）G, H を群とする．任意の $g \in G$ と任意の $h \in H$ に対して，ある元 $g \cdot h \in H$ が一意的に定義されていて，

(1) 任意の $g, g' \in G$ と任意の $h \in H$ に対して，$g \cdot (g' \cdot h) = (gg') \cdot h$ が成り立つ．
(2) 任意の $h \in H$ に対して，$1_G \cdot x = x$.
(3) 任意の $g \in G$ と任意の $h, h' \in H$ に対して，$g \cdot (hh') = (g \cdot h)(g \cdot h')$ が成り立つ．

を満たすとき，G は H に（左から）**作用する** (act) といい，$G \curvearrowright H$ と表す．

群の集合への作用[68] は，その群の置換表現を考えることと同値であった．これに対応する概念を考えよう．そのために群の自己同型群なる概念を準備する．

[68] 詳細は，本大学数学スポットライト・シリーズの拙著[5] を参照していただきたい．

定義 4.6（自己同型群）群 G に対して，G から G への同型写像を G の**自己同型写像** (automorphism) という．G の自己同型写像全体を

$$\mathrm{Aut}(G) := \{\sigma : G \to G \,|\, \sigma \text{ は自己同型 } \}$$

とおく．このとき，$\mathrm{Aut}(G)$ は写像の合成に関して群をなす．単位

元は恒等写像 $\mathrm{id}_G \in \mathrm{Aut}(G)$ であり，任意の $\sigma \in \mathrm{Aut}(G)$ の逆元は逆写像である．この群 $\mathrm{Aut}(G)$ を G の**自己同型群** (automorphism group) という．

定義 4.7（**内部自己同型群**）群 G および，任意の $g \in G$ に対して，写像 $\theta_g : G \to G$ を

$$x \mapsto gxg^{-1}, \quad x \in G$$

で定めると，θ_g は G の自己同型になる．これを，g に付随する G の**内部自己同型写像** (inner automorphism) という．

G の内部自己同型写像全体を

$$\mathrm{Inn}(G) := \{\theta_g : G \to G \mid g \in G\}$$

とおく．このとき，$\mathrm{Inn}(G)$ は $\mathrm{Aut}(G)$ の部分群をなす．実際，$\mathrm{id}_G = \theta_{1_G}$ であり，任意の $g, h \in G$ に対して，$\theta_g\theta_h = \theta_{gh}$，$\theta_g^{-1} = \theta_{g^{-1}}$ となる．この部分群を，G の**内部自己同型群** (inner automorphism group) という．

命題 4.8 G を群とする．このとき，$G/Z(G) \cong \mathrm{Inn}(G)$ である．

証明．写像 $f : G \to \mathrm{Inn}(G)$ を $g \mapsto \theta_g$ によって定める．すると，f は全射準同型写像である．実際，f の全射性は定義から明らかであり，任意の $g, h \in G$ および任意の $x \in G$ に対して，

$$\begin{aligned} f(gh)(x) &= (gh)x(gh)^{-1} = ghxh^{-1}g^{-1} = g(\theta_h(x))g^{-1} \\ &= \theta_g(\theta_h(x)) = (f_g f_h)(x) \end{aligned}$$

となるので，$f(gh) = f(g)f(h)$ を得る．すなわち，f は準同型写像である．

次に，$\mathrm{Ker}(f) = Z(G)$ であることを確かめよう．これは，$g \in G$ に対して，

$$\begin{aligned} g \in \mathrm{Ker}(f) &\iff \theta_g = \mathrm{id}_G \\ &\iff gxg^{-1} = x, \quad x \in G \\ &\iff g \in Z(G) \end{aligned}$$

であることから直ちに従う．以上より，準同型定理から求める結果を得る．□

さて，群 G が群 H に作用しているとする．各 $g \in G$ に対して，写像 $\sigma_g : H \to H$ を $h \mapsto g \cdot h$ によって定める．すると，$\sigma_g \in \mathrm{Aut}(H)$ である．実際，各 $g \in G$ に対して，作用の (3) の条件より，σ_g は準同型写像である．さらに，$\sigma_g \sigma_{g^{-1}} = \sigma_{g^{-1}} \sigma_g = \mathrm{id}_H$ であるから，σ_g は全単射である．そこで，写像 $\sigma : G \to \mathrm{Aut}(H)$ を $g \mapsto \sigma_g$ によって定めると，作用の (1) の条件より，σ は準同型写像である．

逆に，準同型写像 $\sigma : G \to \mathrm{Aut}(H)$ が与えられると，任意の $g \in G$ と任意の $h \in H$ に対して，

$$g \cdot h := \sigma_g(h)$$

と定めることで，G が H に作用することが分かる．以上の二つの操作は互いに他の逆の操作になっており，したがって，

G の H への作用を与える．$\Longleftrightarrow$ 準同型写像 $G \to \mathrm{Aut}(H)$ を与える．

であることが分かる．すなわち，群 G の群 H への作用がどれだけあるかを調べるには，準同型写像 $G \to \mathrm{Aut}(H)$ がどれだけあるかを調べればよい．群の集合への作用の場合と同様に，自明な準同型 $\mathrm{triv} : G \to \mathrm{Aut}(H)$,

$$g \mapsto \mathrm{id}_H$$

に対応する G の H への作用が自明な作用である．

さて，群の半直積[69] の概念を解説しよう．

[69] 詳細は，本大学数学スポットライト・シリーズの拙著[5] を参照していただきたい．

定義 4.9 (半直積群) K を群，$\sigma : K \to \mathrm{Aut}(H)$ を準同型写像とする．このとき，集合としての直積 $G := H \times K$ を考え，G に演算 $\cdot$ を任意の $(h, k), (h', k') \in G$ に対して，

$$(h, k) \cdot (h', k') := (h\sigma_k(h'), kk')$$

で定める[70]．このとき，G はこの演算に関して群になる．これを H と K の**半直積群** (semidirect product group) といい，$G = H \rtimes_\sigma K$ と書く．前後の文脈から，作用 σ が前後の文脈から分かるときは単

[70] すなわち，K 成分の方は通常の K の積で考え，H 成分の方は後ろの元 h' を k の作用で捻ってからかけ合わせるというものである．

に，$G = H \rtimes K$ とも書く[71]．

ある群 G の中に二つの部分群 H, K があって G がそれらの半直積と同型になる場合がある．次に，このような内部半直積の概念について簡単に触れておこう．

定義 4.10（**内部半直積**）G を群，H, K を部分群とする．さらに，

$$G = HK,\ H \lhd G,\ H \cap K = \{1_G\}$$

となっているとする．このとき，G を H と K の**内部半直積** (interior semidirect product) といい，$G = H \dot{\rtimes} K$ と表す．

以下に示すように，内部半直積 $G = H \dot{\rtimes} K$ は K の H への共役作用に関する半直積とみなせる．

命題 4.11 内部半直積として表された群 $G = H \dot{\rtimes} K$ を考える．

(1) 各 $k \in K \subset G$ に対して，k に付随する G の内部自己同型 $\theta_k \in \mathrm{Inn}(G)$ を H に制限したもの $\theta_k|_H : H \to H$ は H の自己同型である．このとき，写像 $\sigma : K \to \mathrm{Aut}(H)$ を $k \mapsto \theta_k|_H$ で定めると，σ は準同型写像である．

(2) $G \cong H \rtimes_\sigma K$.

証明. [5] を参照されたい．□

ここで，半直積を群の拡大の言葉で言い換えてみよう．

定義 4.12（**分裂拡大**）群の拡大

$$1 \to K \xrightarrow{\iota} G \xrightarrow{\pi} N \to 1$$

を考える．準同型写像 $s : N \to G$ であって，$\pi \circ s = \mathrm{id}_N$ となるものが存在するとき，上の拡大は**分裂する** (split) といい，準同型写像 $s : N \to G$ を**切断** (section) という．

定理 4.13 群の分裂拡大

$$1 \to K \xrightarrow{\iota} G \xrightarrow{\pi} N \to 1$$

を考え，$s : N \to G$ を切断とする．準同型写像 $\sigma : N \to \mathrm{Aut}(K)$

71) 外部直積の場合と違って，半直積は H と K が積に関して対称的でない．特に，どちらがどちらに作用しているのを明示する必要がある．そのために，$\times$ ではなく $\rtimes$ なる記号を用いる．閉じている方の群が開いている方の群に作用していると覚えよう．K の H への作用が自明なとき，すなわち，σ が自明な準同型のとき半直積は外部直積にほかならない．

を，任意の $n \in N$ に対して

$$\sigma(n)(k) := \theta_{s(n)}(k) = s(n)ks(n)^{-1}, \quad k \in K$$

によって定める．このとき，$G \cong K \rtimes_\sigma N$ である．

証明. $\pi \circ s = \mathrm{id}_N$ であるから，s は単射である．したがって，$s(N)$ は N と同型である．このとき，

$$G = K\,s(N), \quad K \lhd G, \quad K \cap s(N) = \{1_G\}$$

である．実際，最初の二つは明らかである．また，$K \cap s(N) = \{1_G\}$ については，任意の $g \in K \cap s(N)$ に対して $g = s(n)$ とおけば，

$$1 = \pi(g) = \pi(s(n)) = n$$

となるので，$g = s(n) = s(1) = 1$ であることから直ちに分かる．よって，

$$G = K \dot{\rtimes} s(N) \cong K \rtimes_\sigma N$$

を得る．□

以下に示すように，定理 4.13 の逆も成り立つ．

定理 4.14 半直積群 $G \cong K \rtimes_\sigma N$ が与えられたとき，分裂拡大

$$1 \to K \xrightarrow{\iota} G \xrightarrow{\pi} N \to 1$$

が存在する．

証明. 自然な写像 $\iota : K \to G, \pi : G \to N$ をそれぞれ，$k \mapsto (k, 1)$，$(k, n) \mapsto n$ によって定めると群の拡大

$$1 \to K \xrightarrow{\iota} G \xrightarrow{\pi} N \to 1$$

が得られる．ここで，自然な写像 $s : N \to G$ を $n \mapsto (1, n)$ によって定めれば，$\pi \circ s = \mathrm{id}_N$ となるので，この拡大は分裂する．□

定理 4.15（**半直積群の表示**）$K = \langle Y \mid S \rangle$, $N = \langle X \mid R \rangle$ を表示が与えられた群とし，準同型写像 $\sigma : N \to \mathrm{Aut}\,K$ が与えられているとする．任意の $x \in X, y \in Y$ に対して，$\sigma(x)(y) \in K$ を Y の語で

書き表したものを $w_{x,y}$ とおく．このとき，

$$T := \{x^{-1}yxw_{x,y}^{-1} \mid x \in X,\ \ y \in Y\}$$

とおくと，

$$K \rtimes_\sigma N = \langle X \cup Y \mid R \cup S \cup T\rangle$$

となる．

証明. 準同型写像 $\iota : K \to K \rtimes_\sigma N; k \mapsto (k, 1)$ と $s : N \to K \rtimes_\sigma N;$ $n \mapsto (1, n)$，および群の拡大

$$1 \to K \xrightarrow{\iota} K \rtimes_\sigma N \xrightarrow{\pi} N \to 1$$

を考える．このとき，各 $x \in X$ に対して $x' := s(x) = (1, x)$ とおいて定理 4.4 を適用すればよい．□

4.2 問題

問題 4.1 $n \geq 2$ とし，n 次対称群 $\mathfrak{S}_n$ に対して，$\mathfrak{S}_n \cong \mathfrak{A}_n \rtimes \{\pm 1\}$ であることを示せ．

解答. 置換に対してその符号を対応させる符号表現 $\mathrm{sgn} : \mathfrak{S}_n \to \{\pm 1\}$ を考えると，群の拡大

$$1 \to \mathfrak{A}_n \to \mathfrak{S}_n \xrightarrow{\mathrm{sgn}} \{\pm 1\} \to 1$$

が得られる．ここで，対応 $-1 \mapsto (1\,2)$ により，準同型写像 $s : \{\pm 1\} \to \mathfrak{S}_n$ が得られ，$\mathrm{sgn} \circ s = \mathrm{id}$ である．ゆえに，上の拡大は分裂し求める結果を得る．□

問題 4.2 群の拡大

$$1 \to K \xrightarrow{\iota} G \xrightarrow{\pi} N \to 1$$

において，N が自由群であれば，$G = K \rtimes N$ であることを示せ．

解答. X を N の基底とし，各 $x \in X$ に対して，$\pi(g_x) = x$ となる

ような $g_x \in G$ をとり固定する．すると，自由群の普遍性より，対応 $x \mapsto g_x$ は準同型写像 $s: N \to G$ を誘導する．このとき，$\pi \circ s = \mathrm{id}_N$ であるから，与えられた群の拡大は分裂する．□

問題 4.3 F を階数が 2 以上の自由群とし，自然な群の拡大

$$1 \to [F,F] \to F \to F^{\mathrm{ab}} \to 1$$

を考える．この拡大は分裂しないことを示せ．

解答. X を F の基底とすると，$\overline{X} := \{\overline{x} \in F^{\mathrm{ab}} \mid x \in X\}$ [72] は，F^{ab} の自由アーベル群としての基底である．そこで，もし与えられた拡大が分裂したとすると，切断 $s: F^{\mathrm{ab}} \to F$ が存在する．このとき，各 $x \in X$ に対して，ある $c_x \in [F,F]$ が存在して，$s(\overline{x}) = xc_x \neq 1$ と書ける．さらに，任意の $x \neq y \in X$ に対して，

$$s(\overline{x})s(\overline{y}) = s(\overline{xy}) = s(\overline{yx}) = s(\overline{y})s(\overline{x})$$

となるので，定理 1.34 より，s の像は階数 1 の自由群でなければならない．このとき，$\pi \circ s$ の像が階数 $n \geq 2$ の自由アーベル群である F^{ab} とはならないので矛盾である．□

72) $\overline{x}$ は x の属する剰余類を表す．

問題 4.4 $K := \mathbb{Z}/4\mathbb{Z} = \{[0],[1],[2],[3]\}$ の自己同型群 $\mathrm{Aut}(K)$ は，K の既約剰余類群 $(\mathbb{Z}/4\mathbb{Z})^{\times} \cong \mathbb{Z}/2\mathbb{Z}$ [73] に同型である．特に，対応 $[1] \mapsto [3]$ によって定まる K の自己同型を $f: \mathbb{Z}/4\mathbb{Z} \to \mathbb{Z}/4\mathbb{Z}$ とすると，$\mathrm{Aut}(K) = \{\mathrm{id}, f\}$ である．そこで，$N := \mathbb{Z}/2\mathbb{Z} = \{1, t\}$ に対して，対応 $t \mapsto f$ が定める準同型写像 $\sigma: N \to \mathrm{Aut}(K)$ を考える．このとき，$G := K \rtimes N$ の表示を求めよ．

73) 拙著[5] の 120 ページを参照していただきたい．

解答. K の表示を $\langle s \mid s^4 = 1 \rangle$ とする[74]．t の s への作用は f の定義から，$\sigma(t)(s) = s^3$ であるから，定理 4.15 より，

$$G = \langle s, t \mid s^4 = 1,\ t^2 = 1,\ t^{-1}st = s^3 \rangle$$

となる．□

74) K は加法群であるが，表示は乗法群として表されていることに注意せよ．すなわち，同型対応 $[k] \mapsto s^k$ を考えている．

5 自由積と融合積

一般に，群 G と H が与えられていて，これらから新しい群を構成する方法として直積群 $G \times H$ というものがある．ところが，直積群 $G \times H$ においては，G の元と H の元の可換性を要求する．では，G の元と H の元の間には何の関係もないという条件で，G と H の「積」を定義できないだろうか．これに対する答えが自由積である．また，G の元と H の元の間にある特定の同一視を認めて積を定義したものが「融合積」である．このような概念は，位相幾何学における空間の貼合せを考える際に重要で，貼合せ方を群の言葉で記述したものにほかならない．本章では，表示が与えられた二つの群の自由積と融合積の表示について解説する．第 6 章で，2 次の線型群の表示を求める際にそれらを応用することを考える．

5.1 自由積

定義 5.1（自由積）G, H を群とし，単位元をそれぞれ 1_G, 1_H とする．G と H の元を任意に有限個並べてできる列

$$w := w_1 w_2 \cdots w_k, \quad w_i \in G \quad \text{または} \quad w_i \in H$$

を G と H の元を文字とする**語** (word) [75] という．便宜的に，文字を何も並べないという語を考え，これを**空語** (empty word) と呼び，1 と表す．これらの語全体の集合を $W(G,H)$ と書く．任意の語 $v = v_1 v_2 \cdots v_k$, $w = w_1 w_2 \cdots w_l \in W(G,H)$ $(v_i, w_j \in G \cup H)$ に対して，v と w をこの順序で並べてくっつけたものを v と w の**積** (product) といい，$v \cdot w$ と表す．ただし，通常は簡単のため，単

[75] 自由群を定義するときの用語と同じ名称だが，ここでは基本的に違うものと考えられたい．

に vw と書く．この積が結合法則を満たすことは，積の定義から直ちに従うことが分かる[76]．

76) この積により，$W(G,H)$ は半群になる．

次に，$W(G,H)$ の元 w に対して以下の 2 種類の操作を考える．

(P1) w の文字列の中に，1_G（もしくは 1_H）があるとき，これを取り除く．

(P2) (P1) の逆．すなわち，w の文字列の 1 か所に 1_G（もしくは 1_H）を挿入する．

(P3) $w = w_1 w_2 \cdots w_l$ の文字列の中の隣り合う文字列 $w_i w_{i+1}$ で，$w_i, w_{i+1} \in G$（もしくは $w_i, w_{i+1} \in H$）となるものがあるとき，これを G の積（もしくは H の積）を用いてひとまとめにして $w_i \cdot w_{i+1}$ で置き換える[77]．

77) ここで，$\cdot$ は G（もしくは H）における積を表す．

(P4) (P3) の逆．すなわち，$w = w_1 w_2 \cdots w_l$ において，$w_i \in G$（もしくは $w_i \in H$）が $w_i = w_{i_1} \cdot w_{i_2}$ $(w_{i_1}, w_{i_2} \in G)$（もしくは $(w_{i_1}, w_{i_2} \in H)$）と書けるとき，w_i を $w_{i_1} w_{i_2}$ で置き換える．

上の二つの操作を語の**基本変形** (elementary transformation) と呼ぶ．$W(G,H)$ に関係 $\sim$ を

$$v \sim w \Longleftrightarrow v \text{ に有限回（0 回も含む）の基本変形を施すことで } w \text{ に変形できる．}$$

で定める．すると，明らかに $\sim$ は $W(G,H)$ 上の同値関係である．さらに，

$$v \sim v',\ w \sim w' \implies vw \sim v'w'$$

が成り立つ．したがって，上で定めた $W(G,H)$ 上の積は $W(G,H)/\sim$ 上の積を誘導する．すなわち，$W(G,H)$ における $w \in W(G,H)$ の属する同値類を $[w]$ と書くことにすれば，

$$[v] \cdot [w] := [vw]$$

によって，$W(G,H)/\sim$ 上に積が定義される．この積に関して $W(G,H)/\sim$ が群になることが自由群 $F(X) = W(X)/\sim$ の場合と同様にして示される．

そこで，この群 $W(G,H)/\sim$ を G と H の**自由積** (free product of G and H) といい，$G * H$ と表す[78]．

78) 自由積の定義から明らかなように，G と H は対称的であるから，$G * H = H * G$ である．また，自由群の場合と同様に，通常，$G * H$ の各元 $[w]$ は特に断らない限り剰余類の記号を省略して w と書かれる．この規約の下，G, H の生成系をそれぞれ S_G, S_H とすれば，$S_G \cup S_H$ は $G * H$ の生成系である．自由積を考えるメリットの一つは，異なる群 G, H の演算を一つの群 $G * H$ の演算として扱える点である．

さて，$G*H$ は自然に G, H を部分群として含むことを示そう．すなわち，自然な写像 $i_G : G \to G*H$, $i_H : H \to G*H$ をそれぞれ，

$$i_G(g) = [g] \in G*H \ \ (g \in G), \quad i_H(h) = [h] \in G*H \ \ (h \in H)$$

によって定義する．自由積の定義により i_G, i_H は準同型写像である．これらが単射になることを示す．

$w = w_1w_2\cdots w_l \in G*H$ に対して，$w_i \in G$ なる w_i をすべて選んで，順序を変えずに G の中で積をとったものを $[w]_G \in G$ とおく．ここで，w に G の元が現れないときは $[w]_G = 1_G$ とする．$[w]_H \in H$ についても同様に定義する．すると，この定義が well-defined であることは以下の補題から従う．

補題 5.2 $v_1, v_2, \ldots, v_k, w_1, w_2, \ldots w_l \in G \cup H$ とする．$G*H$ において

$$v_1v_2\cdots v_k = w_1w_2\cdots w_l \in G*H$$

とすれば，

$$[v_1v_2\cdots v_k]_G = [w_1w_2\cdots w_l]_G \in G,$$
$$[v_1v_2\cdots v_k]_H = [w_1w_2\cdots w_l]_H \in H$$

が成り立つ．

証明．対称性より，$[v_1v_2\cdots v_k]_G = [w_1w_2\cdots w_l]_G$ を示せば十分である．仮定より $v_1v_2\cdots v_k = w_1w_2\cdots w_l = G*H$ であるから，$v_1v_2\cdots v_k$ を $w_1w_2\cdots w_l$ に写す基本変形の列が存在する．したがって，$[w]_G$ が基本変形で不変なことを示せばよい．明らかに，(P1), (P2) の変形で $[w]_G$ は不変である．次に，(P3) について考えよう．$w = w_1w_2\cdots w_l$ において $w_i, w_{i+1} \in G$ とし，w を $w' = w_1w_2\cdots(w_i \cdot w_{i+1})\cdots w_l$ に写す変形を考える．$w_i \cdot w_{i+1}$ は G の積であるから明らかに，

$$[w]_G = w_\bullet \cdots w_i \cdot w_{i+1} \cdots w_* = w_\bullet \cdots (w_i \cdot w_{i+1}) \cdots w_* = [w']_G$$

である．$w_i, w_{i+1} \in H$ である場合は，$[w]_G$, $[w]_G$ の定義に w_i, w_{i+1}

は現れないので $[w]_G = [w']_G$. (P4) についても同様である. □

以上により, 写像 $p_G : G * H \to G$, $p_H : G * H \to H$ をそれぞれ,

$$p_G([w]) = [w]_G \in G, \quad p_H(w) = [w]_H \in H \ \ ([w] \in G * H)$$

によって定義できる. このとき,

$$p_G \circ i_G = \mathrm{id}_G, \quad p_H \circ i_H = \mathrm{id}_H$$

であるから, i_G, i_H は単射である. したがって, これらの自然な単射準同型を通して, G, H を $G * H$ の部分群とみなす. すなわち, $i_G(G)$ と G, および $i_H(H)$ と H をそれぞれ同一視する.

定理 5.3 $G * H$ において $G \cap H = \{1\}$ である.

証明. $w \in G * H$ とすると, $w \in i_G(G)$ ゆえ, ある $g \in G$ に対して $w = [g]$ と書ける. 同様にある $h \in H$ に対して $w = [h]$ とも書ける. このとき, $[g]_G = [h]_G$ より, $g = 1_G \in G$ となり, $w = 1$ である. □

次に自由積の普遍性について述べる.

定理 5.4（自由積の普遍性） G, H を群とする. このとき以下が成り立つ.

(1) 任意の群 K と任意の準同型 $f_G : G \to K$, $f_H : H \to K$ に対して, ある群準同型写像 $f : G * H \to K$ で

$$f \circ i_G = f_G : G \to K, \quad f \circ i_H = f_H : H \to K$$

を満たすものが一意的に存在する. 特に以下の図式は可換である.

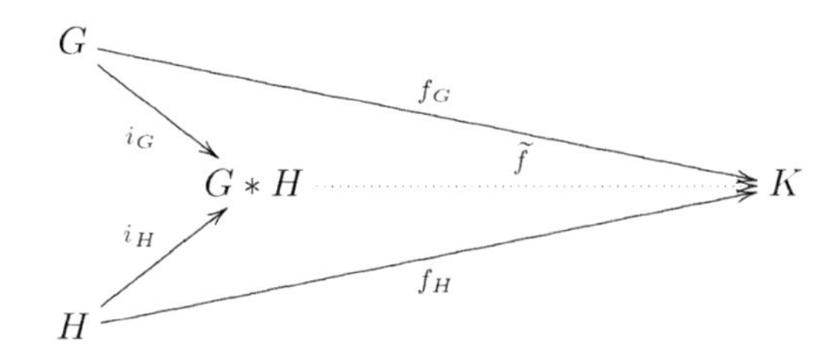

(2) (1) の性質を満たすような，群と単射準同型写像の組 $(G * H, i_G, i_H)$ は同型を除いて一意的である．すなわち，$F(G,H)$ を群，$i'_G : G \to F(G,H)$, $i'_H : H \to F(G,H)$ を単射準同型とし，$F(G,H)$ は i'_G, i'_H の像で生成されているものとする．さらにこれらが (1) の性質を満たすとき，自然な同型写像 $\iota : G * H \to F(G,H)$ が存在する．

証明． (1) 任意の $v \in G \cup H$ に対して，

$$f'(v) := \begin{cases} f_G(v), & v \in G, \\ f_H(v), & v \in H \end{cases}$$

とおく．ここで，w が空語のときは，$f(w) = 1_K$ とする．このとき，$w = w_1 w_2 \cdots w_k \in G * H$ に対して，

$$f(w) := f'(w_1) f'(w_2) \cdots f'(w_k) \in K$$

と定める．これが well-defined であることを示そう．そこで，$v = v_1 v_2 \cdots v_l$, $w = w_1 w_2 \cdots w_k \in G * H$ とし，$v = w$ とする．$f(v) = f(w)$ となることを示せばよい．w が v から 1 回の基本変形によって得られる場合に示せば十分である．

$f_G(1_G) = 1_K$, $f_H(1_H) = 1_K$ であるから，w が v に (P1) もしくは (P2) を施して得られる場合は明らかに $f(w) = f(v)$．そこで，w が v に (P3) を施して得られる場合を考える．$v = v_1 v_2 \cdots v_l$ において $v_i, v_{i+1} \in G$ とし，v を $w = v_1 v_2 \cdots (v_i \cdot v_{i+1}) \cdots v_l$ に写す変形を考える．$v_i \cdot v_{i+1}$ は G の積であるから $f_G(v_i \cdot v_{i+1}) = f_G(v_i) f_G(v_{i+1})$ が成り立ち，

$$\begin{aligned} f(v) &= f(v_1) \cdots f_G(v_i) f_G(v_{i+1}) \cdots f(v_l) \\ &= f(v_1) \cdots f_G(v_i \cdot v_{i+1}) \cdots f(v_l) = f(w) \end{aligned}$$

を得る．$v_i, v_{i+1} \in H$ である場合も同様である．さらに，(P4) についても $f(w) = f(v)$ を得る．よって，$f : G * H \to K$ は well-defined である．

さらに，$G * H$ が G と H によって生成されており，f は生成元上の値によって一意的に決まってしまう．ゆえに，f は f_G と f_H に対して一意的に定まる．

(2) $F(G,H)$ における $i'_G(G)$, $i_H(H)'$ をそれぞれ G, H と同一視する．(1) の結果より，準同型写像 $i'_G : G \to F(G,H)$, $i'_H : H \to F(G,H)$ は準同型写像 $i' : G * H \to F(G,H)$ を誘導する．同様に，$(F(G,H), i'_G, i'_H)$ が (1) の性質を満たすので，準同型写像 $i_G : G \to G*H, i_H : H \to G*H$ は準同型写像 $i : F(G,H) \to G*H$ を誘導する．このとき，以下は可換図式である．

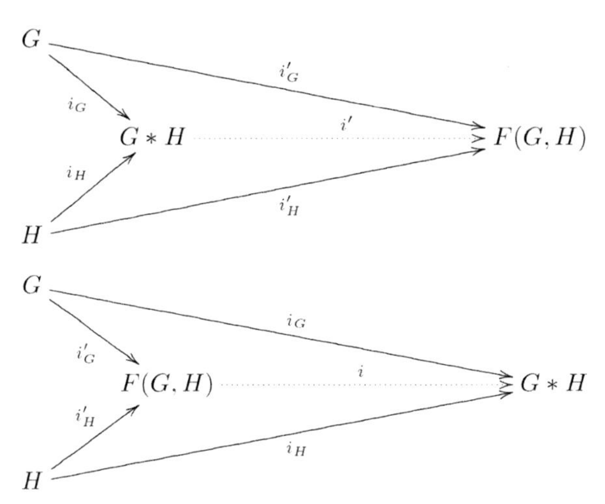

ここで，$i \circ i' : G * H \to G * H, i' \circ i : F(G,H) \to F(G,H)$ はともに，$G * H$ の生成系である G, H 上の恒等写像になっているので，$G * H$ 上の恒等写像である．ゆえに，i, i' は同型写像である．□

次に自由積の元の標準形について考えよう．

定義 5.5（**既約列**）G, H を群とする．G または H の元の列 $w_1, w_2, \ldots, w_k$ が

(1) 各 $1 \leq i \leq k$ について，$w_i \neq 1_G, 1_H$.
(2) 各 $1 \leq i \leq k-1$ について，$w_i, w_{i+1} \in G$ または $w_i, w_{i+1} \in H$ となることはない．

を満たすとき，$(w_1, w_2, \ldots, w_k)$ を G と H の元からなる**既約列** (reduced sequence) という．便宜的に，$k = 0$ の場合も既約列と考えて**空列** (empty sequence) と呼ぶ．

定理 5.6（**自由積の標準形**）G, H を群とする．自由積 $G * H$ にお

いて以下の同値な命題が成立する．

(1) $k \geq 1$ に対して $(w_1, w_2, \ldots, w_k)$ が既約列であれば，$w := w_1 w_2 \cdots w_k \in G * H$ とおくと，$w \neq 1$.
(2) 任意の元 $w \in G * H$ に対してある既約列 $(w_1, w_2, \ldots, w_k)$ が一意的に存在して $w = w_1 w_2 \cdots w_k$ と書ける．

証明． まず，(1) と (2) が同値であることを示そう．(2) ⇒ (1) は明らか．実際，(2) の仮定の下 (1) が成り立たないとすると，空語が異なる既約列を用いて表されることになり矛盾である．次に，(1) を仮定する．そこで，$v_1, v_2, \ldots, v_l$ と $w_1, w_2, \ldots, w_k$ をともに既約列で，$w = v_1 v_2 \cdots v_l = w_1 w_2 \cdots w_k$ とする．このとき，$v_1 \cdots v_l w_k^{-1} \cdots w_1^{-1} = 1$ である．したがって，$(v_1, \ldots, v_l, w_k^{-1}, \ldots, w_1^{-1})$ は既約列ではない．すなわち，v_l と w_k^{-1} はともに G に属するか，ともに H に属するかのどちらかである．さらに，$(v_1, \ldots, (v_l w_k^{-1}), \ldots, w_1^{-1})$ も既約列ではないので，$v_l w_k^{-1} = 1$ でなければならない．つまり $v_l = w_k$ である．以下，帰納的にこの議論を繰り返すことで，$k = l$ かつ $v_i = w_i$ であることが分かる．すなわち，w を表す既約列は一意的に定まる．ゆえに，(2) が成り立つ．

さて，(1) が成り立つことを示そう．W を G と H の元からなる既約列全体の集合とする．各 $g \in G$ に対して，W の置換 σ_g を次のように定める．まず，$g = 1$ のとき，$\sigma_g = \mathrm{id}_W$ とする．$g \neq 1$ のとき，各 $(w_1, w_2, \ldots, w_k) \in W$ に対して，

$$\sigma_g((w_1, w_2, \ldots, w_k)) = \begin{cases} (g, w_1, w_2, \ldots, w_k), & w_1 \in H \\ (gw_1, w_2, \ldots, w_k), & w_1 \in G,\ gw_1 \neq 1 \\ (w_2, \ldots, w_k), & w_1 = g^{-1} \end{cases}$$

と定める．実際にこれが W の置換を与えていることは，$\sigma_{g^{-1}} = \sigma_g^{-1}$ であることから分かる．さらに，任意の $g, g' \in G$ に対して，$gg' \neq 1$ のとき，

$$\sigma_{gg'}((w_1, w_2, \ldots, w_k)) = \begin{cases} (gg', w_1, w_2, \ldots, w_k), & w_1 \in H \\ (gg'w_1, w_2, \ldots, w_k), & w_1 \in G, \ gg'w_1 \neq 1 \\ (w_2, \ldots, w_k), & w_1 = (gg')^{-1} \end{cases}$$
$$= \sigma_g(\sigma_{g'}((w_1, w_2, \ldots, w_k)))$$

となる．すなわち，$\mathfrak{S}(W)$ を W 上の置換群とすると，対応 $G \mapsto \sigma_g$ により定まる写像 $\sigma : G \to \mathfrak{S}(W)$ は準同型写像である．同様に，準同型写像 $\tau : H \to \mathfrak{S}(W)$ も得られる．このとき，自由積の普遍性により，準同型写像

$$\sigma * \tau : G * H \to \mathfrak{S}(W)$$

が定まる．

今，$k \geq 1$ に対して既約列 $(w_1, w_2, \ldots, w_k)$ を考え，$w = w_1w_2 \cdots w_k$ とする．このとき，$\sigma * \tau(w)$ は空列を $(w_1, w_2, \ldots, w_k)$ に写す．したがって，$w \neq 1$ である．ゆえに (1) が成り立つ．□

既約列 $(w_1, w_2, \ldots, w_k)$ に対して，$w = w_1w_2 \cdots w_k$ なる表示を w の**既約表示** (reduced expression) という．

定理 5.7 非自明な群 G, H に対して，$G * H$ の中心は自明であることを示せ．

証明．$x \in G$, $y \in H$ を $x \neq 1_G$, $y \neq 1_H$ なる元とする．今，$z \in Z(G * H)$ とし，$z = z_1z_2 \cdots z_n$ を既約表示する．$zx = xz$ より，$z_1z_2 \cdots z_nx = xz_1z_2 \cdots z_n$ である．左辺の右端に注目して，もし $z_n \in H$ とすると，この式の左辺は既約表示となる．よって，右辺の左端に注目して，$z_1 \in H$ でなければならない．そうでなければ，既約列の長さが異なる既約語が等しくなり，既約表示の一意性に反する．すると，両辺の左端を比べて $z_1 = x \in G$ となり矛盾．ゆえに，$z_n \in G$．同様に，$zy = yz$ より，$z_n \in H$ であることも分かる．つまり，$z_n \in G \cap H = \{1\}$ である．したがって，$n = 1$ で $z = 1$ である．□

ここで，三つ以上の群の自由積について少し言及しておこう．

補題 5.8 G, H, K を群とする．このとき，

$$(G * H) * K \cong G * (H * K).$$

証明. 今, G, $H*K$ は自然に $G*(H*K)$ の部分群であり, H, K は自然に $H*K$ の部分群とみなせるので, G, H, K は $G*(H*K)$ の部分群とみなせる. そこで, $g \in G$ を $g \in G \subset G*(H*K)$ に対応させることにより, 単射準同型写像 $j_G : G \to G*(H*K)$ が得られる. 同様に, $j_H : H \to G*(H*K)$, $j_K : K \to G*(H*K)$ も得る. すると, 定理 5.4 より, j_G と j_H は準同型写像 $j_G * j_H : G*H \to G*(H*K)$ を誘導し, さらに, この写像と j_K は準同型写像

$$\varphi := (j_G * j_H) * j_K : (G * H) * K \to G * (H * K)$$

を誘導することが分かる.

まったく同様の議論により, 単射準同型写像 $j'_G : G \to (G*H)*K$, $j'_H : H \to (G * H) * K$, $j'_K : K \to (G * H) * K$ から準同型写像

$$\psi : j'_G * (j_H * j_K) : G * (H * K) \to (G * H) * K$$

が得られる. このとき,

$$\varphi \circ \psi : G*(H*K) \to G*(H*K), \quad \psi \circ \varphi : G*(H*K) \to G*(H*K)$$

はどちらも, G, H, $K \subset G * (H * K)$ 上の恒等写像になっている. したがって, $G * (H * K)$ 上の恒等写像であり φ は同型写像である. □

この補題により, 三つ以上の群の自由積は積をとる順序によらず同型である. よって, 以後, $(G * H) * K$ の括弧をはずし $G * H * K$ のように表す. さて, 自由群の自由積が自由群になることを示そう.

補題 5.9 自由群 $F(X)$, $F(Y)$ に対して,

$$F(X) * F(Y) \cong F(X \cup Y)$$

が成り立つ. 特に, 任意の $n \in \mathbb{N}$ に対して, $F_n \cong \mathbb{Z} * \mathbb{Z} * \cdots * \mathbb{Z}$ ($\mathbb{Z}$ の n 個の自由積) が成り立つ.

証明. $F(X) * F(Y)$ が $X \cup Y$ 上の自由群の普遍性を満たすことを示せばよい. そこで, 任意の群 G と任意の写像 $f : X \cup Y \to G$ を

考える．自然な包含写像 $i_X : X \hookrightarrow X \cup Y$, $i_Y : Y \hookrightarrow X \cup Y$ に対して，自由群 $F(X)$，$F(Y)$ の普遍性により，写像 $f \circ i_X : X \to G$, $f \circ i_Y : Y \to G$ はそれぞれ準同型写像

$$f_X : F(X) \to G, \quad f_Y : F(Y) \to G$$

を誘導する．よって，自由積の普遍性により，これらは準同型写像

$$f_X * f_Y : F(X) * F(Y) \to G$$

を誘導する．ゆえに，$F(X) * F(Y)$ と自然な包含写像 $X \cup Y \hookrightarrow F(X) * F(Y)$ の組は，自由群 $F(X \cup Y)$ の普遍性を満たす．したがって，求める結果を得る．□

特に，$|X| = n$ のとき，$F(X) \cong \mathbb{Z} * \mathbb{Z} * \ldots * \mathbb{Z}$（$\mathbb{Z}$ の n 個の自由積）であることが分かる．以下，$F(X) * F(Y)$ と $F(X \cup Y)$ を同一視する．次に，表示が与えられた群の自由積の表示について考えよう．簡単に言えば，生成元と関係子について，それぞれ和をとれば良い．

定理 5.10 $G = \langle X \mid R \rangle$, $H = \langle Y \mid S \rangle$ を表示が与えられた群とする．このとき，

$$G * H = \langle X \cup Y \mid R \cup S \rangle.$$

証明． $\varphi : F(X) \to G$, $\psi : F(Y) \to H$ を標準的な全射準同型とする．このとき，準同型写像 $i_G \circ \varphi : F(X) \to G * H$ と $i_H \circ \psi : F(Y) \to G * H$ は全射準同型写像

$$\pi : F(X \cup Y) = F(X) * F(Y) \to G * H$$

を誘導する．すると，明らかに

$$\mathrm{NC}_{F(X \cup Y)}(R \cup S) \subset \mathrm{Ker}(\pi)$$

である．逆の包含関係を示そう．今，自然に $F(X), F(Y)$ を $F(X \cup Y)$ の部分群とみなす．任意の $w \in \mathrm{Ker}(\pi)$ に対して，$F(X)$ と $F(Y)$ のある既約列 $(w_1, w_2, \ldots, w_k)$ が存在して $w = w_1 w_2 \cdots w_k$ と書ける．すると，$1 = \pi(w) = \pi(w_1) \cdots \pi(w_k)$ となる．ここで，

$$\pi(w_i) = \begin{cases} i_G \circ \varphi(w_i), & w_i \in F(X) \\ i_H \circ \psi(w_i), & w_i \in F(Y) \end{cases}$$

である．自由積 $F(X) * F(Y)$ の標準形を考えることで，任意の $1 \leq i \leq k$ に対して $\pi(w_i) = 1$ となる．よって，

$$w_i \in \begin{cases} \mathrm{NC}_{F(X)}(R), & w_i \in F(X) \\ \mathrm{NC}_{F(Y)}(S), & w_i \in F(Y) \end{cases}$$

となり，$w \in \mathrm{NC}_{F(X \cup Y)}(R \cup S)$ となる．□

この節の最後に，自由積における共役元に関する性質についてまとめておく．

定義 5.11（巡回的に既約）群 G, H に対して，G と H の元からなる既約列 $(w_1, \ldots, w_n)$ が，$n = 1$，もしくは $n \geq 2$ で，「$w_1 \in G$ かつ $w_n \in H$」または「$w_1 \in H$ かつ $w_n \in G$」を満たすとする．このとき，既約列 $(w_1, \ldots, w_n)$，および語 $w = w_1 w_2 \cdots w_n$ は**巡回的に既約** (cyclically reduced) であるという．

命題 5.12 G，H を群とする．

(1) $G * H$ の任意の元は巡回的に既約な元に共役である．
(2) $G * H$ の元 w が有限位数であれば，w は G または H における有限位数の元に共役である．

証明． (1) 任意の元 $w = w_1 w_2 \cdots w_n \in G*H$ に対して，$w_1, w_n \in G$ または $w_1, w_n \in H$ であれば，

$$w_n w w_n^{-1} = (w_n w_1) w_2 \cdots w_{n-1}$$

となる．以下同様の操作を繰り返していけばよい．

(2) w を有限位数な元とし，$v = v_1 v_2 \cdots v_n \in G * H$ を w と共役な，巡回的に既約な元とする．このとき，v も有限位数である．もし $n > 1$ であれば，任意の自然数 $k > 1$ に対して，

$$v^k = v_1 v_2 \cdots v_n v_1 v_2 \cdots v_n \cdots v_1 v_2 \cdots v_n$$

となり，これは既約な語である．よって，$v^k = 1$ とはならない．よって，$n = 1$ である．すなわち，$v \in G$ または $v \in H$ である．□

5.2 融合積

この節では，自由積の一般化である融合積について解説する．

定義 5.13（融合積）G, H, K を群とし，$\varphi : K \to G, \psi : K \to H$ を準同型写像とする．$G * H$ の部分集合

$$\varphi(K)^{-1}\psi(K) := \{\varphi(k)^{-1}\psi(k) \mid k \in K\}$$

を考える．このとき，群 $G * H/\mathrm{NC}_{G*H}(\varphi(K)^{-1}\psi(K))$ を G と H の**融合積** (free product of G and H with amalgamation of $\varphi(K)$ and $\psi(K)$) といい，$G *_K H$ と表す[79]．

79) つまり，G と H の融合積とは，G と H の自由積において，各 $k \in K$ に対して G における $\varphi(k)$ と，H における $\psi(k)$ を同一視して得られる群である．$G *_K H$ には φ, ψ が書かれていないが，もちろん，融合積はこれらの準同型写像による．よく用いられる例としては，K が G と H の部分群になっていて，φ, ψ がともに自然な包含写像のときである．

融合積が自由積の一般化であることは次の補題から従う．

補題 5.14 G, H, K を群とし，$\varphi : K \to G, \psi : K \to H$ を自明な準同型写像とする．すなわち，$\mathrm{Im}(\varphi) = \{1_G\}, \mathrm{Im}(\psi) = \{1_H\}$ とする．このとき，$G *_K H = G * H$ である．特に，K が自明な群 $\{1\}$ であれば，融合積は自由積に一致する．

証明． 仮定より，$\varphi(K)^{-1}\psi(K) = \{1\}$ であるから，$\mathrm{NC}_{G*H}(\varphi(K)^{-1}\psi(K)) = \{1\}$ である．ゆえに主張が成り立つ．□

融合積の表示と普遍性について考えよう．

定理 5.15（融合積の表示）$G = \langle X \mid R \rangle, H = \langle Y \mid S \rangle$ を表示が与えられた群，K を群，$\varphi : K \to G, \psi : K \to H$ を準同型写像とする．このとき，

$$G *_K H = \langle X \cup Y \mid R \cup S \cup \varphi(K)^{-1}\psi(K) \rangle.$$

証明． 定理 5.10 と，定理 2.11 より直ちに得られる．□

今，$i_G : G \to G * H$, $i_H : H \to G * H$ を自然な包含写

像とする．$\pi : G * H \to G *_K H$ を自然な商準同型写像とし，$i^*_G := \pi \circ i_G : G \to G *_K H$, $i^*_H := \pi \circ i_H : H \to G *_K H$ とおく．

補題 5.16 G, H, K を群とし，$\varphi : K \to G$, $\psi : K \to H$ を準同型写像とする．このとき，$i^*_G \circ \varphi = i^*_H \circ \psi$. すなわち，以下の図式は可換．

証明． 定義より明らか．□

定理 5.17（**融合積の普遍性**）G, H, K を群とし，$\varphi : K \to G$, $\psi : K \to H$ を準同型写像とする．L を群とし，$f_1 : G \to L$, $f_2 : H \to L$ を準同型写像で $f_1 \circ \varphi = f_2 \circ \psi$ が成り立つとする．このとき，ある準同型写像 $f : G *_K H \to L$ で

$$f \circ i^*_G = f_1, \quad f \circ i^*_H = f_2$$

を満たすものが一意的に存在する．

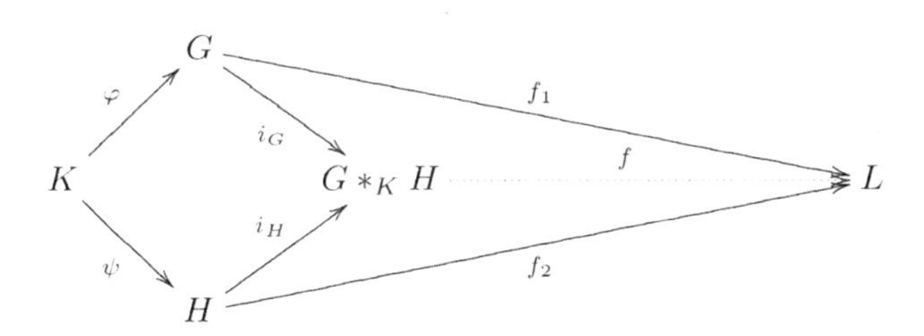

証明． 自由積の普遍性により，準同型写像 $f_1 : G \to L$, $f_2 : H \to L$ は準同型写像

$$f' : G * H \to L$$

を誘導する．そこで，$\mathrm{NC}_{G*H}(\varphi(K)^{-1}\psi(K)) \subset \mathrm{Ker}(f')$ を示そう．すると，任意の $k \in K$ に対して，

$$\begin{aligned} f'(\varphi(k)^{-1}\psi(k)) &= f'(\varphi(k))^{-1}f'(\psi(k)) = f_1(\varphi(k))^{-1}f_2(\psi(k)) \\ &= f_2(\psi(k))^{-1}f_2(\psi(k)) = 1 \end{aligned}$$

となるので $\varphi(K)^{-1}\psi(K) \subset \mathrm{Ker}(f')$ である．これより $\mathrm{NC}_{G*H}(\varphi(K)^{-1}\psi(K)) \subset \mathrm{Ker}(f')$ を得る．ゆえに，f' は準同型写像 $f : G *_K H \to L$ を誘導する．これが求めるものである．□

5.3 問題

問題 5.1 G, H を非自明な群とする．このとき，以下を示せ．

(1) $G * H$ はアーベル群ではないことを示せ．

(2) $G * H$ は無限位数の元を含むことを示せ[80)]．

[80)] この問題より，非自明な有限群の自由積は有限群ではないことが分かる．

解答． $x \in G, y \in H$ を $x \neq 1_G, y \neq 1_H$ なる元とする．

(1) (x, y, x^{-1}, y^{-1}) は既約列であるから，$1 \neq [x, y] \in G * H$．すなわち，$G * H$ はアーベル群ではない．

(2) 任意の自然数 n に対して，$2n$ 個の元の列 $(x, y, x, y, \ldots, x, y)$ は既約列であるから，$w^n \neq 1$．ゆえに，w は無限位数の元である．
□

問題 5.2 $m, n > 1$ を自然数とし，$G_{m,n} := \mathbb{Z}/m\mathbb{Z} * \mathbb{Z}/n\mathbb{Z}$ とおく．

(1) $G_{m,n}^{\mathrm{ab}} \cong \mathbb{Z}/m\mathbb{Z} \oplus \mathbb{Z}/n\mathbb{Z}$ を示せ．

(2) $G_{m,n}$ の有限位数の元たちの最大位数は $\max\{m, n\}$ である．

(3) 自然数 $m \geq n \geq 1, p \geq q \geq 1$ に対して，

$$G_{m,n} \cong G_{p,q} \iff m = p \text{ かつ } n = q$$

を示せ．

解答． (1) $G_{m,n}$ の表示 $\langle x, y \,|\, x^m = 1, y^n = 1 \rangle$ のアーベル化を考えれば明らか．

(2) 命題 5.12 より，$G_{m,n}$ の有限位数の元は G または H における有限位数の元と共役．一般に，共役な元の間の位数は不変であるから，これより直ちに求める結果を得る．

(3) $(\Longrightarrow)$ を示す．逆は明らか．$G_{m,n}, G_{p,q}$ における有限位数の元で，位数が最大のものを考えれば，$m = p$ であることが分かる．一方，(1) より，$G_{m,n}, G_{p,q}$ のアーベル化を考えると，$\mathbb{Z}/m\mathbb{Z} \oplus \mathbb{Z}/n\mathbb{Z} \cong \mathbb{Z}/p\mathbb{Z} \oplus \mathbb{Z}/q\mathbb{Z}$ である．したがって，アーベル化の位数を比べて $mn = pq$ となり，これより $n = q$ を得る．□

問題 5.3 $m, n > 1$ を自然数とし，$H_{m,n} := \langle x, y \mid x^m = y^n \rangle$ とおく．

(1) $H_{m,n}$ において $z := x^m$ で生成される部分群を N とおく．$N \subset Z(H_{m,n})$ を示し，$H_{m,n}/N$ を求めよ．
(2) $N = Z(H_{m,n})$ を示せ．
(3) 自然数 $m \geq n \geq 1, p \geq q \geq 1$ に対して，

$$H_{m,n} \cong H_{p,q} \iff m = p \text{ かつ } n = q$$

を示せ．

解答． (1) $zx = xz$ は明らか．また，$zy = y^n y = yy^n = yz$ であるので，$z \in Z(H_{m,n})$ である．よって，$N \subset Z(H_{m,n})$ であり，N は $H_{m,n}$ の正規部分群である．さらに，$H_{m,n}/N = \langle x, y \mid x^m = y^n = 1 \rangle$ であるので，$H_{m,n}/N = \mathbb{Z}/m\mathbb{Z} * \mathbb{Z}/n\mathbb{Z}$ である．

(2) $Z(H_{m,n})$ は自然な写像 $\pi : H_{m,n} \to H_{m,n}/N$ によって $H_{m,n}/N$ の中心に写される．ところが，(1) より $H_{m,n}/N$ は自由積 $\mathbb{Z}/m\mathbb{Z} * \mathbb{Z}/n\mathbb{Z}$ であるので，定理 5.7 よりその中心は自明である．ゆえに，$Z(H_{m,n}) = N$ である．

(3) $(\Longrightarrow)$ を示す．逆は明らか．$H_{m,n} \cong H_{p,q}$ とすると，この同型対応により $Z(H_{m,n})$ は $Z(H_{p,q})$ に写される．したがって，同型写像 $H_{m,n}/Z(H_{m,n}) \to H_{p,q}/Z(H_{p,q})$ が存在する．ゆえに，問題 5.2 の (3) より，求める結果を得る．□

問題 5.4 G, H, K を群とし，$\varphi : K \to G, \psi : K \to H$ を準同型写像とする．

(1) $G*H$ において，$\mathrm{NC}_{G*H}(\psi(K)^{-1}\varphi(K)) = \mathrm{NC}_{G*H}(\varphi(K)^{-1}\psi(K))$ を示せ．
(2) $G *_K H = H *_K G$ を示せ．

解答． (1) 任意の $k \in K$ に対して，$\psi(k)\varphi(k)^{-1} = (\varphi(k)\psi(k)^{-1})^{-1} \in \varphi(K)^{-1}\psi(K)$ であるので，$\mathrm{NC}_{G*H}(\psi(K)^{-1}\varphi(K)) \subset \mathrm{NC}_{G*H}(\varphi(K)^{-1}\psi(K))$ である．逆の包含関係も同様である．

(2) $G * H = H * G$ であるので，(1) の結果と併せて

$$
\begin{aligned}
G *_K H &= G * H/\mathrm{NC}_{G*H}(\varphi(K)^{-1}\psi(K)) \\
&= H * G/\mathrm{NC}_{H*G}(\psi(K)^{-1}\varphi(K)) = H *_K G
\end{aligned}
$$

となる．□

6 線型群の表示

本章では，一般線型群と，それに関連するいくつかの重要な群について表示を解説する．まず，可換環 R 上の一般線型群に関する基本事項について簡単にまとめる．後に考えるのは，主に $R = \mathbb{Z}, \mathbb{F}_p$（$p$ 個の元から成る体）の場合である．

6.2 節以降で紹介する線型群の表示を求める手法は，前世紀の初め頃に出版された原論文によるものが多い．位相幾何学などの深い結果（道具）を使い，sophisticated な証明も可能となった現代では，いささか素朴で直截的すぎるように感じられる読者もいるかもしれない．しかしながら，そのような素朴な手法の中にも学ぶべき群論的考え方や手法はたくさんある．この機会に，組合せ群論の原点（原典）の数々に触れ，論文が出版された当時の雰囲気を味わっていただければ幸いである[81]．

[81] 特に興味を持たれた読者はぜひ，ドイツ語の原論文をたくさん読まれるとよいと思う．理論的にかなり整備された群論を知っている我々からすれば，非常に朴訥としていて読みづらい部分が多いことは否めないが，当時の生き生きとした数学がよく伝わってくる．

6.1 可換環上の線型群

6.1.1 一般線型群と特殊線型群

R を単位元を持つ可換環とする．$n \geq 1$ とし，R の元を成分とする n 次正方行列 A に対して，R の元を成分とするある n 次正方行列 B が存在して，

$$AB = BA = E_n \tag{6.1}$$

となるとき，A は**正則** (regular) であるという．ここで，E_n は n 次の単位行列を表す．A が正則であるための必要十分条件は $\det A$ が R の単元[82] となることである[83]．

[82] 可逆元という意味で，単位元のことではない．単位元は単元である．

[83] 詳細は拙著[5] を参照していただきたい．

定義 6.1（可換環上の線型群）$n \geq 1$ に対して，R の元を成分とする n 次正則行列全体のなす乗法群を $\mathrm{GL}(n,R)$ とおき，R 上の n 次の**一般線型群** (general linear group) という．また，$\mathrm{GL}(n,R)$ の正規部分群

$$\mathrm{SL}(n,R) := \{A \in \mathrm{GL}(n,R) \mid \det A = 1\} \subset \mathrm{GL}(n,R)$$

を R 上の n 次の**特殊線型群** (special linear group) という[84]．

[84] $\mathrm{SL}(n,R)$ は $\mathrm{LF}(n,R)$ と書かれることもある（"LF" は linear fractional の略である）．

可換環 R の単元全体の集合を $R^\times$ とおくと，$R^\times$ は R の可換環としての積に関して乗法群を成す．

補題 6.2 上の記号の下，

$$1 \to \mathrm{SL}(n,R) \xrightarrow{i} \mathrm{GL}(n,R) \xrightarrow{\det} R^\times \to 1$$

は群の拡大である．ここで，i は自然な包含写像を表す．

証明．行列式を対応させる写像 $\det : \mathrm{GL}(n,R) \xrightarrow{\det} R^\times$ が全射であることを示す．これ以外の部分は定義から明らかである．任意の $r \in R^\times$ に対して，

$$A := \begin{pmatrix} r & O \\ O & E_{n-1} \end{pmatrix} \in \mathrm{GL}(n,R)$$

とおけば，$\det A = r$ であるから，$\det$ は全射である．□

例 6.3 (1) $R = \mathbb{Z}$ のとき，$\mathbb{Z}$ の単元は ± 1 であるから

$$1 \to \mathrm{SL}(n,\mathbb{Z}) \xrightarrow{i} \mathrm{GL}(n,\mathbb{Z}) \xrightarrow{\det} \{\pm 1\} \to 1 \tag{6.2}$$

なる群の拡大を得る．

(2) R が有限体 $\mathbb{F}_q$（$q = p^n$，p は素数）のとき，$R^\times$ は位数 $q-1$ の巡回群 $\mathbb{Z}/(q-1)\mathbb{Z}$ に同型になることが知られており，

$$1 \to \mathrm{SL}(n,\mathbb{F}_q) \xrightarrow{i} \mathrm{GL}(n,\mathbb{F}_q) \xrightarrow{\det} \mathbb{Z}/(q-1)\mathbb{Z} \to 1 \tag{6.3}$$

なる群の拡大を得る．

R がユークリッド整域のとき，単項イデアル整域上の加群の構造定理（A.1 節参照）を用いることにより，$\mathrm{GL}(n, R)$ は基本行列で生成されることが分かる．以下これを解説しよう．可換環 R 上の自由加群 R^n を，R の元を成分に持つ n 行 1 列の行列全体のなす自由加群と同一視する．このとき，n 個の元

$$\boldsymbol{e}_1 = \begin{pmatrix} 1 \\ 0 \\ 0 \\ \vdots \\ 0 \end{pmatrix}, \quad \boldsymbol{e}_2 = \begin{pmatrix} 0 \\ 1 \\ 0 \\ \vdots \\ 0 \end{pmatrix}, \dots, \quad \boldsymbol{e}_n = \begin{pmatrix} 0 \\ 0 \\ \vdots \\ 0 \\ 1 \end{pmatrix} \in R^n$$

を考える．線型代数の慣例にしたがって，$\boldsymbol{e}_1, \dots, \boldsymbol{e}_n$ を**基本ベクトル** (elementary vector) と呼ぶことにする．このとき，以下のような 3 種類の行列を，n 次の**基本行列** (elementary matrix) という．

- $1 \leq i, j \leq n$, $i \neq j$, $c \in R$ に対して，

$$P_{ij}(c) := (\boldsymbol{e}_1 \cdots \boldsymbol{e}_{j-1} \ \boldsymbol{e}_j + c\boldsymbol{e}_i \ \boldsymbol{e}_{j+1} \cdots \boldsymbol{e}_n)$$

$$= \begin{array}{c} \\ i \\ \\ j \\ \\ \end{array} \overset{\begin{array}{ccccc} & i & & j & \end{array}}{\begin{pmatrix} E & & & & \\ & 1 & & c & \\ & & E & & \\ & & & 1 & \\ & & & & E \end{pmatrix}} \quad \text{（空欄部分は 0）．}$$

- $1 \leq i \leq n$, $c \in R^\times$ に対して，

$$P_i(c) := (\boldsymbol{e}_1 \cdots c\boldsymbol{e}_i \cdots \boldsymbol{e}_n)$$

$$= i \overset{\begin{array}{ccc} & i & \end{array}}{\begin{pmatrix} E & & \\ & c & \\ & & E \end{pmatrix}} \quad \text{（空欄部分は 0）．}$$

- $1 \leq i \leq j \leq n$, $i \neq j$ に対して，

$$P_{ij} := (\boldsymbol{e}_1 \cdots \boldsymbol{e}_{i-1}\ \boldsymbol{e}_j\ \boldsymbol{e}_{i+1} \cdots \boldsymbol{e}_{j-1}\ \boldsymbol{e}_i\ \boldsymbol{e}_{j+1} \cdots \boldsymbol{e}_n)$$

$$= \begin{array}{c} \\ i \\ \\ j \\ \\ \end{array} \begin{pmatrix} E & & & & \\ & 0 & & 1 & \\ & & E & & \\ & 1 & & 0 & \\ & & & & E \end{pmatrix} \quad \text{（空欄部分は 0）.}$$

（上の行列の第 i 列，第 j 列に i，j の添字がある．）

ここで，E は単位行列を表す．すると，基本行列は正則であり，逆行列も基本行列であることが分かる．実際，

$$P_{ij}(c)^{-1} = P_{ij}(-c), \quad P_i(c)^{-1} = P_i(c^{-1}), \quad P_{ij}^{-1} = P_{ij}$$

である．与えられた行列 A に対して，$P_{ij}(c)$，P_{ij}，$P_i(c)$ を左（右）からかけることは，それぞれ

(1) $c \in K$ に対して，第 j 行（第 i 列）を c 倍したものを第 i 行（第 j 列）に加える．
(2) 第 i 行（列）と第 j 行（列）を入れ換える．
(3) $0 \neq c \in K$ に対して，第 i 行（列）を c 倍する．

なる基本変形に対応している．

定義 6.4（ユークリッド整域） 整域 R から整列集合 X（例えば，$X = \mathbb{Z}$ など）への写像 $N : R \to X$ で，

- $r \in R, r \neq 0$ のとき，$N(0) < N(r)$．
- $a, b \in R$, $a \neq 0$ のとき，

$$b = aq + r, \quad N(r) < N(a)$$

　を満たす $q, r \in R$ が存在する．

を満たすものが存在するとき，R を**ユークリッド整域** (Euclidean domain) であるという．また，N を**ノルム** (norm) という．

例 6.5 (1) 写像 $N : \mathbb{Z} \to \mathbb{N} \cup \{0\}$ を $N(a) = |a|$（a の絶対値）で

定めると，$\mathbb{Z}$ は N に関してユークリッド整域となる．

(2) K を体とし，$K[x]$ を K 上の一変数多項式環とする．写像 $N : K[x] \to \mathbb{N} \cup \{-\infty, 0\}$ を

$$N(f) := \begin{cases} \deg f, & f \neq 0 \\ -\infty, & f = 0 \end{cases}$$

で定めると，$K[x]$ は N に関してユークリッド整域となる．

(3) K を体とする．写像 $N : K \to \mathbb{N} \cup \{0\}$ を

$$N(x) = \begin{cases} 1, & x \neq 0, \\ 0, & x = 0 \end{cases}$$

で定めると，K は N に関してユークリッド整域となる．

定理 6.6 R をユークリッド整域とする．このとき以下が成り立つ[85]．

(1) $\mathrm{GL}(n, R)$ は基本行列たちで生成される．
(2) $\mathrm{GL}(n, R)$ は

$$\{P_{ij}(c) \mid 1 \leq i, j \leq n,\ i \neq j,\ c \in R\} \\ \cup \{P_i(c) \mid 1 \leq i \leq n,\ c \in R^\times\}$$

によって生成される．

85) (2) は (1) より強い主張となっているので，その意味では (2) のみを記載するだけで十分かと思えるかもしれない．しかしながら，生成系というものはどういうことを調べるかによって使い勝手が大きく変わる．生成元の数が増えたとしても，便利な生成系であることはよくあることである．

証明．(1) $A \in \mathrm{GL}(n, R)$ とする．定理 A.5 により，ある基本行列の積として表される行列 P, Q が存在して，

$$PAQ = \begin{pmatrix} a_1 & & & \\ & \ddots & & \\ & & a_r & \\ & & & O \end{pmatrix} \quad \text{（空欄部分は 0）}$$

と書ける．PAQ は正則行列の積ゆえ正則である．ゆえに，$r = n$ でなければならない．よって，$A = P^{-1} P_1(a_1) P_2(a_2) \cdots P_n(a_n) Q^{-1}$ となる．さらに，$\det PAQ = a_1 a_2 \cdots a_n \in R^\times$ であるので，各

$1 \leq i \leq n$ に対して，$a_i \in R^\times$ である．

(2) (1) の結果により，任意の $1 \leq k, l \leq n$, $k \neq l$ に対して，P_{kl} が $P_{ij}(c)$, $P_i(c)$ なる形の行列の積で書けることを示せばよい．今，

$$\begin{pmatrix} 0 & 1 \\ 1 & 0 \end{pmatrix} = \begin{pmatrix} 1 & 0 \\ 0 & -1 \end{pmatrix} \begin{pmatrix} 1 & 0 \\ -1 & 1 \end{pmatrix} \begin{pmatrix} 1 & 1 \\ 0 & 1 \end{pmatrix} \begin{pmatrix} 1 & 0 \\ -1 & 1 \end{pmatrix}$$

に注意すれば，一般のサイズの正方行列に関して

$$P_{kl} = P_l(-1) P_{lk}(-1) P_{kl}(1) P_{lk}(-1)$$

が成り立つことが分かる．よって求める結果を得る．□

次に，特殊線型群の場合を考えよう．

定理 6.7 R をユークリッド整域とする．このとき以下が成り立つ．

(1) $\mathrm{SL}(n, R)$ は

$$\{P_{ij}(c) \,|\, 1 \leq i, j \leq n,\ i \neq j,\ c \in R\} \\ \cup \{P_1(c) P_i(c^{-1}) \,|\, 2 \leq i \leq n,\ c \in R^\times\}$$

によって生成される．

(2) $\mathrm{SL}(n, R)$ は

$$\{P_{ij}(c) \,|\, 1 \leq i, j \leq n,\ i \neq j,\ c \in R\}$$

によって生成される．

証明. (1) 定理 A.5 とその後の注意 A.6 を用いて証明できるが，せっかくなので練習も兼ねて定理 3.3 を利用して考えてみよう．定理 6.6 より，

$$X := \{P_{ij}(c) \,|\, 1 \leq i, j \leq n,\ i \neq j,\ c \in R\} \\ \cup \{P_i(c) \,|\, 1 \leq i \leq n,\ c \in R^\times\}$$

は $\mathrm{GL}(n, R)$ の生成系である．また，

$$T := \{P_1(d) \,|\, d \in R^\times\}$$

とおくと，T は $\mathrm{GL}(n,R)$ の $\mathrm{SL}(n,R)$ 剰余類の代表系である．定理3.3より，

$$(t,x) := \{(t,x) \mid t \in T,\ \ x \in X\}$$

が $\mathrm{SL}(n,R)$ の生成系である．そこで，$t = P_i(d) \in T$ とする．

- $x = P_{ij}(c)$ のとき，$\overline{tx} = t$ に注意すると，

$$(t,x) = \begin{cases} P_{1j}(cd), & i = 1, \\ P_{ij}(c), & i \neq 1. \end{cases}$$

- $x = P_i(c)$ のとき，$\overline{tx} = P_1(cd)$ に注意すると，

$$(t,x) = \begin{cases} E_n, & i = 1, \\ P_1(c^{-1})P_i(c), & i \neq 1. \end{cases}$$

これより求める結果を得る．

(2) (1) の結果により，任意の $2 \leq k \leq n$ に対して，$P_1(c)P_k(c^{-1})$ が $P_{ij}(c)$ なる形の行列の積で書けることを示せばよい．今，任意の $c \in R^\times$ に対して，2 次正方行列の演算

$$\begin{pmatrix} c & 0 \\ 0 & c^{-1} \end{pmatrix} = \begin{pmatrix} 1 & 0 \\ c^{-1} & 1 \end{pmatrix}\begin{pmatrix} 1 & -c \\ 0 & 1 \end{pmatrix}\begin{pmatrix} 1 & 0 \\ -1 & 1 \end{pmatrix}\begin{pmatrix} 1 & 1 \\ 0 & 1 \end{pmatrix} \times \begin{pmatrix} 1 & 0 \\ -1 & 1 \end{pmatrix}\begin{pmatrix} 1 & -c^{-1} \\ 0 & 1 \end{pmatrix}$$

に注意すれば，

$$\begin{aligned} &P_1(c)P_k(c^{-1}) \\ &\quad = P_{k1}(c^{-1})P_{1k}(-c)P_{k1}(-1)P_{1k}(1)P_{k1}(-1)P_{1k}(-c^{-1}) \end{aligned}$$

であることが分かる．よって求める結果を得る．□

$R = \mathbb{Z}$ のときは，$R^\times = \{\pm 1\}$ である．また，任意の $c, d \in \mathbb{Z}$ に対して，

$$P_{ij}(c+d) = P_{ij}(c)P_{ij}(d)$$

であるから，$P_{ij}(c) = P_{ij}(1)^c$ が成り立つ．したがって，次のよく知られた事実を得る．

定理 6.8 $n \geq 2$ に対して,

(1) $\mathrm{GL}(n, \mathbb{Z}) = \langle P_{ij}(1), P_i(-1) \,|\, 1 \leq i, j \leq n \rangle$.
(2) $\mathrm{SL}(n, \mathbb{Z}) = \langle P_{ij}(1) \,|\, 1 \leq i, j \leq n \rangle$.

次に, 有限体上の線型群の位数について解説しよう. $\mathbb{F}_q$ を q 個の元からなる有限体とする[86]. すると, 任意の $n \geq 1$ に対して一般線型群 $\mathrm{GL}(n, \mathbb{F}_q)$, 特殊線型群 $\mathrm{SL}(n, \mathbb{F}_q)$ は有限群である. これらの群の位数を求めてみよう. まず, 以下の補題に注意する.

86) このとき, ある素数 p に対して $q = p^m$ と書ける.

補題 6.9 K を体とし, K 上の n 次元数ベクトル空間 $V = K^n$ を考える. このとき, $\mathrm{GL}(n, K)$ と V の基底全体とは 1 対 1 に対応する.

証明. V の基底全体の集合を $\mathcal{B}$ とおく. 今, 任意の $A = (\boldsymbol{a}_1 \cdots \boldsymbol{a}_n) \in \mathrm{GL}(n, K)$ に対して, $\boldsymbol{a}_1, \ldots, \boldsymbol{a}_n$ は n 個の 1 次独立なベクトルであり, V は n 次元であるから $(\boldsymbol{a}_1, \ldots, \boldsymbol{a}_n) \in \mathcal{B}$ となる. そこで, 写像 $\varphi : \mathrm{GL}(n, K) \to \mathcal{B}$ を, 任意の $A = (\boldsymbol{a}_1 \cdots \boldsymbol{a}_n)$ に対して $\varphi(A) = (\boldsymbol{a}_1, \ldots, \boldsymbol{a}_n)$ によって定める. φ は明らかに単射である. また, 任意の $(\boldsymbol{b}_1, \ldots, \boldsymbol{b}_n) \in \mathcal{B}$ に対して, $B = (\boldsymbol{b}_1 \cdots \boldsymbol{b}_n)$ とおくと, $|B| \neq 0$ であるから $B \in \mathrm{GL}(n, K)$. このとき, $\varphi(B) = (\boldsymbol{b}_1, \ldots, \boldsymbol{b}_n)$ となるので, φ は全単射である. □

定理 6.10 $n > 1$ に対して,

(1) $|\mathrm{GL}(n, \mathbb{F}_q)| = (q^n - 1)(q^n - q) \cdots (q^n - q^{n-1})$.
(2) $|\mathrm{SL}(n, \mathbb{F}_q)| = (q^n - 1)(q^n - q) \cdots (q^n - q^{n-1})/(q - 1)$.

証明. (1) 前補題により, $V = (\mathbb{F}_q)^n$ の基底がどれだけあるかを数えればよい. そこで, V のベクトルの対 $(\boldsymbol{a}_1, \ldots, \boldsymbol{a}_n)$ が V の基底になるための組合せの数を考える. $|V| = q^n$ に注意する. まず, $\boldsymbol{a}_1$ の取り方は $\boldsymbol{0}$ 以外の任意のベクトルが考えられるので, $q^n - 1$ 個ある. 次に, $\boldsymbol{a}_2$ の取り方は, $\boldsymbol{a}_1$ と 1 次従属にならないようなベクトルの取り方の分だけある. $\boldsymbol{a}_1$ と 1 次従属なベクトルは $c\boldsymbol{a}_1$ $(c \in \mathbb{F}_q)$ であるから, $\boldsymbol{a}_2$ の取り方は $q^n - q$ 通り. 同様に, $k \geq 1$ に対して $\boldsymbol{a}_1, \ldots, \boldsymbol{a}_k$ が決まっているときに $\boldsymbol{a}_{k+1}$ の取り方は,

$$V \setminus \{c_1\boldsymbol{a}_1 + \cdots + c_k\boldsymbol{a}_k \,|\, c_1, \ldots, c_k \in \mathbb{F}_q\}$$

の分だけあるので，全部で $q^n - q^k$ 通りである．以下この議論を繰り返せばよい．

(2) 補題 6.2 の完全系列と，(1)，$|\mathbb{F}_q^\times| = q-1$ およびラグランジュの定理から直ちに求める結果を得る．□

6.1.2 射影線型群

本項では，線型群の中心による剰余群について解説しよう．対角成分が一定の行列

$$\begin{pmatrix} a & & 0 \\ & \ddots & \\ 0 & & a \end{pmatrix}$$

を**スカラー行列** (scalar matrix) と呼ぶ．

補題 6.11 R を可換環とするとき，以下が成り立つ．

(1) $\mathrm{SL}(n,R)$ の中心 $Z(\mathrm{SL}(n,R))$ は $\mathrm{SL}(n,R)$ のスカラー行列全体である．
(2) $\mathrm{GL}(n,R)$ の中心 $Z(\mathrm{GL}(n,R))$ は $\mathrm{GL}(n,R)$ のスカラー行列全体である．

証明．(1) スカラー行列が $Z(\mathrm{SL}(n,R))$ の元であることは明らかであるので，$Z(\mathrm{SL}(n,R))$ の元がスカラー行列であることを示す．今，$A = (a_{ij}) \in Z(\mathrm{SL}(n,R))$ とする．$1 \leq k, l \leq n$，$k \neq l$ を任意にとって固定する．対角成分と (k,l) 成分が 1 でそれ以外の成分が 0 であるような行列 $P_{kl}(1)$ を考える．このとき，$P_{kl}(1)A = AP_{kl}(1)$ において両辺の (k,k) 成分を比較することで，

$$a_{lk} = 0$$

を得る．k, l は任意であったから，A は対角行列である．次に，任意の $k \geq 2$ に対して，$(1,k)$ 成分が 1，$(k,1)$ 成分が -1，1 行目と k 行目の対角成分が 1 で，それ以外は 0 である行列

$$T_k := \begin{pmatrix} 0 & & 1 & \\ & E & & \\ -1 & & 0 & \\ & & & E \end{pmatrix} \in \mathrm{SL}(n, R) \quad \text{(空欄部分は 0)}$$

を考える．ここで，E は単位行列を表す．$T_kA = AT_k$ において両辺の $(1, k)$ 成分を比較することで，

$$a_{11} = a_{kk}$$

であることが分かる．ゆえに，A はスカラー行列である．

(2) (1) とまったく同様である．□

補題 6.12 R を可換環とするとき，以下が成り立つ．

(1) $Z(\mathrm{GL}(n, R)) \cong R^\times$.
(2) $Z(\mathrm{SL}(n, R)) \cong \{a \in R^\times \mid a^n = 1\}$.

証明． (1) 補題 6.11 の (2) より，写像 $\varphi : Z(\mathrm{GL}(n, R)) \to R^\times$ を

$$aE_n \mapsto a$$

で定義すれば，φ は同型写像であることが直ちに分かる．

(2) (1) の φ を $\mathrm{SL}(n, R)$ に制限すればよい．□

例 6.13 (1) $R = \mathbb{Z}$ のとき，

$$Z(\mathrm{GL}(n, \mathbb{Z})) \cong \{\pm 1\}, \quad Z(\mathrm{SL}(n, \mathbb{Z})) \cong \begin{cases} \{1\}, & n \text{ が奇数}, \\ \{\pm 1\}, & n \text{ が偶数}. \end{cases}$$

(2) $R = \mathbb{C}$ のとき，

$$Z(\mathrm{GL}(n, \mathbb{C})) \cong \mathbb{C}^\times,$$

$$Z(\mathrm{SL}(n, \mathbb{C})) \cong \left\{ \exp\left(\frac{2k\pi\sqrt{-1}}{n}\right) \in \mathbb{C}^\times \;\middle|\; 0 \leq k \leq n-1 \right\} \cong \mathbb{Z}/n\mathbb{Z}.$$

定義 6.14（射影線型群） 可換環 R に対して，

$$\mathrm{PGL}(n,R) := \mathrm{GL}(n,R)/Z(\mathrm{GL}(n,R)),$$
$$\mathrm{PSL}(n,R) := \mathrm{SL}(n,R)/Z(\mathrm{SL}(n,R))$$

をそれぞれ，**射影一般線型群** (projective general linear group)，**射影特殊線型群** (projective special linear group) という．

本書では，簡単のため，$A = (a_{ij}) \in \mathrm{SL}(2,R)$ に対して，$\mathrm{PSL}(2,\mathbb{Z})$ における A の属する剰余類 $[A]$ を $[a_{ij}]$ のように表す．たとえば，$n=2$ のとき，

$$[A] = \begin{bmatrix} a & b \\ c & d \end{bmatrix} \in \mathrm{PSL}(2,R)$$

である．また，$\mathrm{PGL}(n,R)$ の元についても同様に記述することにする．補題 6.2 と同様の議論により，以下を得る．

補題 6.15 可換環 R に対して，

$$1 \to \mathrm{PSL}(n,R) \xrightarrow{i'} \mathrm{PGL}(n,R) \xrightarrow{\det'} R^\times \to 1$$

は群の拡大である．ここで，i' は自然な包含写像 $i : \mathrm{SL}(n,R) \to \mathrm{GL}(n,R)$ が，$\det'$ は $\det : \mathrm{GL}(n,R) \to R^\times$ がそれぞれ誘導する準同型写像である．

6.1.3 合同部分群

本項では，特殊線型群の重要な正規部分群である合同部分群について解説する．R を可換環，I をイデアルとするとき，自然な全射環準同型 $R \to R/I$,

$$a \mapsto \overline{a} := a \pmod{I}$$

は，群準同型写像 $\pi : \mathrm{SL}(n,R) \to \mathrm{SL}(n,R/I)$,

$$A = (a_{ij}) \mapsto \overline{A} := (\overline{a_{ij}})$$

を誘導する．

補題 6.16 R がユークリッド整域であれば，任意の $n \geq 1$ に対して群準同型写像 $\pi : \mathrm{SL}(n,R) \to \mathrm{SL}(n,R/I)$ は全射である．

証明．n についての帰納法による．$n=1$ のときは明らかに成り立つ．$n>1$ とする．任意の $X \in \mathrm{SL}(n, R/I)$ に対して，$A=(a_{ij})$ を $a_{ij} \in R$ であるような n 次正方行列で，$X=(\overline{a_{ij}})$ となるものとする．一般に，$A \in \mathrm{SL}(n, R)$ とは限らないので，以下のように行列をうまく取り直すことを考える．このとき，$\det A \equiv 1 \pmod I$ である．すると，注意 A.6 よりある正則行列 $P, Q \in \mathrm{SL}(n, R)$ が存在して，

$$PAQ = \begin{pmatrix} a_1 & 0 & \cdots & 0 \\ 0 & a_2 & O & \vdots \\ \vdots & O & \ddots & 0 \\ 0 & \cdots & 0 & a_n \end{pmatrix}$$

となる．$a = a_2 \cdots a_n$ とおき，

$$S := \begin{pmatrix} a & 1 & O \\ a-1 & 1 & O \\ 0 & 0 & E_{n-2} \end{pmatrix}, \qquad T := \begin{pmatrix} 1 & -a_2 & O \\ 0 & 1 & O \\ 0 & 0 & E_{n-2} \end{pmatrix},$$

$$A' := \begin{pmatrix} 1 & 0 & 0 & \cdots & 0 \\ 1-a_1 & a_1 a_2 & 0 & \cdots & 0 \\ 0 & 0 & a_3 & \cdots & 0 \\ \vdots & \vdots & \vdots & \ddots & \vdots \\ 0 & 0 & 0 & \cdots & a_n \end{pmatrix}$$

とおく[87]．すると，$a_1 a = \det A \equiv 1 \pmod I$ であるから，$SPAQT \equiv A' \pmod I$ である．ここで帰納法の仮定により，ある $C \in \mathrm{SL}(n-1, R)$ が存在して，

$$C \equiv \begin{pmatrix} a_1 a_2 & 0 & \cdots & 0 \\ 0 & a_3 & O & \vdots \\ \vdots & O & \ddots & 0 \\ 0 & \cdots & 0 & a_n \end{pmatrix} \pmod I$$

となる．したがって，

[87] $n=2$ の場合は左上の 2×2 行列の部分のみを考える．

$$B := P^{-1}S^{-1}\begin{pmatrix} 1 & 0 \cdots 0 \\ 1-a_1 & \\ \vdots & C \\ 0 & \end{pmatrix} T^{-1}Q^{-1} \in \mathrm{SL}(n, R)$$

とおくと，$\pi(B) = X$ となることが分かる．これによって帰納法が進む．□

定義 6.17（主合同部分群，合同部分群） R を可換環とする．上の記号の下，$\mathrm{Ker}(\pi)$ を法 I に関する**主合同部分群** (principle congruence subgroup) といい，$\Gamma(n, I)$ [88] と表す．δ_{ij} をクロネッカーのデルタとするとき，

$$\Gamma(n, I) = \{A = (a_{ij}) \in \mathrm{SL}(n, R) \mid a_{ij} \equiv \delta_{ij} \\ (\mathrm{mod}\ I),\ 1 \leq i, j \leq n\}$$

である．一般に，主合同部分群 $\Gamma(n, I)$ を含む $\mathrm{SL}(n, R)$ の部分群を法 I に関する**合同部分群** (congruence subgroup) という．

[88] n が前後の文脈から明らかに分かるときは，しばしば $\Gamma(I)$ などと略記する．

特に重要であるのは，$R = \mathbb{Z}$ で $I = N\mathbb{Z} (N > 1)$ の場合である．$\Gamma(n, N\mathbb{Z})$ を $\Gamma(n, N)$ と略記する．

R がユークリッド整域であれば，補題 6.16 より

$$1 \to \Gamma(n, I) \xrightarrow{i} \mathrm{SL}(n, R) \xrightarrow{\pi} \mathrm{SL}(n, R/I) \to 1 \qquad (6.4)$$

は群の拡大である．ここで，i は自然な包含写像である．主合同部分群の射影化を考えよう．

定義 6.18 R を可換環，I をイデアルとする．群準同型写像 $\pi : \mathrm{SL}(n, R) \to \mathrm{SL}(n, R/I)$ と，商準同型写像 $\mathrm{SL}(n, R/I) \to \mathrm{PSL}(n, R/I)$ の合成写像 $\mathrm{SL}(n, R) \to \mathrm{PSL}(n, R/I)$ は，自然に群準同型写像

$$\overline{\pi} : \mathrm{PSL}(n, R) \to \mathrm{PSL}(n, R/I)$$

を誘導する．

このとき，$\mathrm{Ker}(\overline{\pi})$ を $\overline{\Gamma}(n, I)$ と表す．R がユークリッド整域であれば，

$$1 \to \overline{\Gamma}(n, I) \xrightarrow{i} \mathrm{PSL}(n, R) \xrightarrow{\overline{\pi}} \mathrm{PSL}(n, R/I) \to 1 \tag{6.5}$$

は群の拡大である．ここで，i は自然な包含写像である．

補題 6.19 R をユークリッド環，I をイデアルとする．自然な全射準同型写像からなる可換図式

$$\begin{array}{ccc} \mathrm{SL}(n, R) & \xrightarrow{\pi} & \mathrm{SL}(n, R/I) \\ f \downarrow & & g \downarrow \\ \mathrm{PSL}(n, R) & \xrightarrow{\overline{\pi}} & \mathrm{PSL}(n, R/I) \end{array}$$

を考える．すると，

$$\overline{\Gamma}(n, I) \cong \pi^{-1}(Z(\mathrm{SL}(n, R/I)))/Z(\mathrm{SL}(n, R)).$$

証明. まず，

$$(\overline{\pi} \circ f)(\pi^{-1}(Z(\mathrm{SL}(n, R/I)))) = (g \circ \pi)(\pi^{-1}(Z(\mathrm{SL}(n, R/I)))) = \{1\}$$

であるから，f の $\pi^{-1}(Z(\mathrm{SL}(n, R/I)))$ への制限は準同型写像

$$f : \pi^{-1}(Z(\mathrm{SL}(n, R/I))) \to \overline{\Gamma}(n, I)$$

を誘導する．これが全射であることを示そう．任意の $X \in \overline{\Gamma}(n, I)$ に対して，ある $A \in \mathrm{SL}(n, R)$ が存在して，$X = f(A)$ となる．すると，

$$\overline{\pi}(f(A)) = g(\pi(A)) = 1 \in \mathrm{PSL}(n, R/I)$$

であるから，$\pi(A) \in Z(\mathrm{SL}(n, R/I))$ である．したがって，$A \in \pi^{-1}(Z(\mathrm{SL}(n, R/I)))$ となり f は全射である．また，

$$\mathrm{Ker}(f|_{\pi^{-1}(Z(\mathrm{SL}(n, R/I)))}) = \mathrm{Ker}(f) = Z(\mathrm{SL}(n, R))$$

であるから，f は同型写像

$$\pi^{-1}(Z(\mathrm{SL}(n, R/I)))/Z(\mathrm{SL}(n, R)) \to \overline{\Gamma}(n, I)$$

を誘導する．□

6.2 2次線型群

特殊線型群 $\mathrm{SL}(2,\mathbb{Z})$ や，射影特殊線型群 $\mathrm{PSL}(2,\mathbb{Z})$ は，整数論や保型関数論，双曲幾何学などで大変重要な役割を果たす群であり，古くから研究されてきた．本節では，まずこれらの群の表示について解説し，それを利用して2次の一般線型群や合同部分群の表示についても解説する．

6.2.1 PSL(2, ℤ), PGL(2, ℤ)

$\mathrm{PSL}(2,\mathbb{Z})$ の表示について考えよう．これまでに多くの証明が知られているが，ここでは彌永[2] にある小松醇郎氏の記事[89] によるものを紹介しよう．以下，$\mathrm{PSL}(2,\mathbb{Z})$ において

$$\begin{bmatrix} a & b \\ c & d \end{bmatrix} = \begin{bmatrix} -a & -b \\ -c & -d \end{bmatrix}$$

に注意せよ．

[89] 昭和16(1941)年出版．著者は，これより以前の邦文による証明を見たことがない．

今，

$$X := \begin{bmatrix} 1 & -1 \\ 1 & 0 \end{bmatrix}, \quad Y := \begin{bmatrix} 0 & 1 \\ -1 & 0 \end{bmatrix} \in \mathrm{PSL}(2,\mathbb{Z})$$

とおく．すると，$XY = [P_{12}(1)]$, $X^2Y = [P_{21}(1)]$ であるから，定理6.8を用いると $\mathrm{PSL}(2,\mathbb{Z})$ は X, Y で生成されることが分かる．さらに，$X^3 = Y^2 = 1$ が成り立つ．したがって，$G := \langle x, y \,|\, x^3, y^2 \rangle$ とおくと，自然な全射準同型 $\varphi : G \to \mathrm{PSL}(2,\mathbb{Z})$,

$$\varphi(x) = X, \quad \varphi(y) = Y$$

が定まる．以下，これが単射，すなわち同型であることを示す．

そこで，$r \in \mathrm{Ker}(\varphi)$ とする．r を x, y の語として表すとき，$x^3 = 1$, $y^2 = 1 \in G$ であるから，r は

$$w = x^{e_1} y x^{e_2} y \cdots x^{e_{m-1}} y x^{e_m} \ (e_i = \pm 1,\ 1 \le i \le m),$$
$$wy,\ yw,\ ywy,\ y,\ 1$$

のいずれかの形に表せる．また，$y = y^{-1}$ に注意して，$m \ge 2$ のと

き w は

$$w = zw'z^{-1},\quad w' = x^{e_1}y\cdots yx^{e_{m'}},\quad e_1 = e_{m'}$$

と書ける．さらに，

$$\begin{aligned} w' &= x^{e_1}y\cdots yx^{e_{m'}}\cdot x^{e_{m'}}yyx^{-e_1} \\ &= ux^{e_2}y\cdots yx^{-e_{m'}}yu^{-1},\quad u = x^{e_1}y \end{aligned}$$

である．したがって，いずれの場合にしても，r は

$$x^{\pm 1},\ y,\ wy,\ 1$$

なる形の元の共役として表される．今，$\varphi(x^{\pm 1}) \neq 1$, $\varphi(y) \neq 1$ であるから，考えられるのは r が wy に共役な場合か，$r = 1$ の場合のみである．よって，$r \in \mathrm{Ker}(\varphi)$ が初めから $r = wy$ の場合に，$r \in \mathrm{Ker}(\varphi)$ とはならないことを示せばよい．

そこで，$r = wy$ とする．今，wy は xy の続く積と $x^{-1}y$ の続く積で表されている．$s := xy$, $t := y \in G$ とくと，$(xy)^{\delta} = s^{\delta}$, $(x^{-1}y)^{\delta} = ts^{-\delta}t$ であるから，これを用いて書き直せば，wy は

$$u = s^{-a_1}ts^{a_2}t\cdots s^{(-1)^{m-1}a_{m-1}}ts^{(-1)^m a_m},\ ut,\ tu,\ tut$$

なる形に書ける[90)]．ここで，$a_1, a_2, \ldots, a_m \in \mathbb{Z}\setminus\{0\}$ はすべて同符号であることに注意せよ．すると，tut, tu はそれぞれ u, ut に共役ゆえ，初めから $r = u, ut$ の場合を考えればよい．まず，$u \notin \mathrm{Ker}(\varphi)$ を示そう．

90) たとえば，$wy = (xy)^2(x^{-1}y)^3$ のときは，$a_1 = -2$, $a_2 = -3$ として u を考えて $w = ut$ となる．

$$S := \begin{pmatrix} 1 & 1 \\ 0 & 1 \end{pmatrix},\quad T := \begin{pmatrix} 0 & 1 \\ -1 & 0 \end{pmatrix} \in \mathrm{SL}(2,\mathbb{Z})$$

とおくと，$\varphi(s) = [S], \varphi(t) = [T]$ である．

$$H(m) := S^{-a_1}TS^{a_2}T\cdots S^{(-1)^{m-1}a_{m-1}}TS^{(-1)^m a_m}T$$

とおくと，

$$H(1) = \begin{pmatrix} a_1 & 1 \\ -1 & 0 \end{pmatrix},\quad H(2) = \begin{pmatrix} -a_1a_2 - 1 & a_1 \\ a_2 & -1 \end{pmatrix}$$

$$H(3) = \begin{pmatrix} -a_1a_2a_3 - a_3 - a_1 & -a_1a_2 - 1 \\ a_2a_3 + 1 & a_2 \end{pmatrix}$$

$$H(4) = \begin{pmatrix} a_1a_2a_3a_4 + a_3a_4 + a_1a_4 + a_1a_2 + 1 & -a_1a_2a_3 - a_3 - a_1 \\ a_2a_3a_4 + a_4 + a_2 & a_2a_3 + 1 \end{pmatrix}$$

となる．$m = 1$ のとき，$u \notin \mathrm{Ker}(\varphi)$ は明らか．$m \geq 2$ のときは以下の補題より直ちに従う．

補題 6.20 上の記号の下，$m \geq 1$ に対して $H(m) = (h_{ij}(m))$ とおくと，

$$\mathrm{sgn}(h_{11}(m)) = \begin{cases} \mathrm{sgn}(a_1), & m \equiv 1 \pmod 4, \\ -1, & m \equiv 2 \pmod 4, \\ -\mathrm{sgn}(a_1), & m \equiv 3 \pmod 4, \\ 1, & m \equiv 0 \pmod 4, \end{cases}$$

$$\mathrm{sgn}(h_{12}(m)) = \begin{cases} \mathrm{sgn}(a_1), & m \equiv 2 \pmod 4, \\ -1, & m \equiv 3 \pmod 4, \\ -\mathrm{sgn}(a_1), & m \equiv 0 \pmod 4, \\ 1, & m \equiv 1 \pmod 4 \end{cases}$$

であり，

$$|h_{11}(m)| \geq m, \quad |h_{12}(m)| \geq m - 1$$

が成り立つ．ここで，0 でない整数 n に対して，n の符号を $\mathrm{sgn}(n)$ で表す．

証明．$m \geq 1$ に関する帰納法による．$1 \leq m \leq 4$ のときは上の結果から明らか．$m \geq 4$ とすると，

$$\begin{aligned} H(m+1) &= H(m) \begin{pmatrix} (-1)^{m+2}a_{m+1} & 1 \\ -1 & 0 \end{pmatrix} \\ &= \begin{pmatrix} (-1)^{m+2}a_{m+1}h_{11}(m) - h_{12}(m) & h_{11}(m) \\ (-1)^{m+2}a_{m+1}h_{21}(m) - h_{22}(m) & h_{21}(m) \end{pmatrix} \end{aligned}$$

となる．よって，符号については法 4 について m を場合分けすれば，

$m+1$ のときも正しいことが分かる．さらに，$H(m+1)$ の各成分の各項はすべて同符号ゆえ，$h_{11}(m+1)$ の絶対値は $h_{11}(m)$ の絶対値よりも真に増大することが上の行列の形から分かる．$h_{12}(m+1)$ についても同様である．よって帰納法が進む．□

これより，$\varphi(H(m)) = \pm E_2$ となることはないことが分かる．よって，$u \notin \mathrm{Ker}(\varphi)$．また，$\varphi(ut) = [H(m)T]$ であり，$H(m)T$ は $H(m)$ の列を入れ換えて，1 列目を -1 倍したものであるので，これが $\pm E_2$ を表すことはあり得ない．よって，$ut \notin \mathrm{Ker}(\varphi)$ である．

以上により，$r \in \mathrm{Ker}(\varphi)$ ならば $r = 1 \in G$ でなければならないことが分かる．これらまとめると以下の有名な定理が得られる．

定理 6.21（$\mathrm{PSL}(2,\mathbb{Z})$ の表示）$\mathrm{PSL}(2,\mathbb{Z})$ は次の有限表示を持つ．特に，自由積 $\mathbb{Z}/3\mathbb{Z} * \mathbb{Z}/2\mathbb{Z}$ に同型である．

$$\langle x, y \mid x^3, y^2 \rangle. \quad x = \begin{bmatrix} 1 & -1 \\ 1 & 0 \end{bmatrix}, \ y := \begin{bmatrix} 0 & 1 \\ -1 & 0 \end{bmatrix}.$$

さて，$\mathrm{PSL}(2,\mathbb{Z})$ の表示を用いると $\mathrm{PGL}(2,\mathbb{Z})$ の表示が得られる．

定理 6.22（$\mathrm{PGL}(2,\mathbb{Z})$ の表示）$\mathrm{PGL}(2,\mathbb{Z})$ は次の有限表示を持つ．

$$\langle x, y, z \mid x^3, y^2, z^2, z^{-1}xz = yx^2y, z^{-1}yz = y \rangle.$$

ここで，

$$x = \begin{bmatrix} 1 & -1 \\ 1 & 0 \end{bmatrix}, \ y := \begin{bmatrix} 0 & 1 \\ -1 & 0 \end{bmatrix}, \ z := \begin{bmatrix} -1 & 0 \\ 0 & 1 \end{bmatrix}.$$

証明． 補題 6.15 による群の拡大

$$1 \to \mathrm{PSL}(n,\mathbb{Z}) \xrightarrow{i'} \mathrm{PGL}(n,\mathbb{Z}) \xrightarrow{\det'} \{\pm 1\} \to 1$$

を考え，定理 4.4 を適用しよう．そこで，

$$\{\pm 1\} = \langle z \mid z^2 \rangle, \quad Z := \begin{bmatrix} -1 & 0 \\ 0 & 1 \end{bmatrix}$$

とおくと，$\det'(Z) = z$ であり，

$$Z^2 = 1, \quad Z^{-1}xZ = \begin{bmatrix} 1 & 1 \\ -1 & 0 \end{bmatrix} = yx^2y, \quad Z^{-1}yZ = y$$

であるから，これより求める結果を得る．□

6.2.2 SL(2, ℤ), GL(2, ℤ)

定理 6.23（SL(2, ℤ) の表示）SL(2, ℤ) は次の有限表示を持つ．特に，融合積 $\mathbb{Z}/6\mathbb{Z} *_{\mathbb{Z}/2\mathbb{Z}} \mathbb{Z}/4\mathbb{Z}$ に同型である．

(1) $\langle x, y \,|\, x^3y^{-2}, y^4 \rangle = \langle x, y \,|\, y^4, x^3y^{-2} \rangle$． $x = \begin{pmatrix} 1 & -1 \\ 1 & 0 \end{pmatrix}$，

$$y := \begin{pmatrix} 0 & 1 \\ -1 & 0 \end{pmatrix}.$$

(2) $\langle \sigma, \tau \,|\, \sigma\tau^{-1}\sigma = \tau^{-1}\sigma\tau^{-1}, \quad (\sigma\tau^{-1}\sigma)^4 = 1 \rangle$ [91]．ここで，

$$\sigma = \begin{pmatrix} 1 & 1 \\ 0 & 1 \end{pmatrix}, \quad \tau := \begin{pmatrix} 1 & 0 \\ 1 & 1 \end{pmatrix}.$$

91) ティーツェ変換により τ^{-1} を τ で置き換えた表示，$\langle \sigma, \tau \,|\, \sigma\tau\sigma = \tau\sigma\tau, \ (\sigma\tau\sigma)^4 = 1 \rangle$ がよく用いられる．

証明．(1) 自然な群の拡大

$$1 \to \{\pm E_2\} \xrightarrow{i} \mathrm{SL}(2, \mathbb{Z}) \xrightarrow{\pi} \mathrm{PSL}(2, \mathbb{Z}) \to 1$$

を考え，定理 4.4 を適用しよう．そこで，$z = -E_2$ とおくと，$\{\pm E_2\} = \langle z \,|\, z^2 \rangle$ であり，定理 6.21 より，$\mathrm{PSL}(2, \mathbb{Z}) = \langle x, y \,|\, x^3, y^2 \rangle$ である．ここで，

$$x' = \begin{pmatrix} 1 & -1 \\ 1 & 0 \end{pmatrix}, \quad y' := \begin{pmatrix} 0 & 1 \\ -1 & 0 \end{pmatrix}$$

とおくと，$\pi(x') = x, \pi(y') = y$ であり，

$$(x')^3 = z, \quad (y')^2 = z, \quad (x')^{-1}zx' = z, \quad (y')^{-1}zy = z$$

となる．これより，

$$\begin{aligned} &\mathrm{SL}(2, \mathbb{Z}) \\ &\quad = \langle x, y, z \,|\, x^3 = z, \ y^2 = z, \ z^2 = 1, x^{-1}zx = z, \ y^{-1}zy = z \rangle \end{aligned}$$

を得る．さらにティーツェ変換を用いて，$z = y^2$ なる関係式を

用いて生成元 z を消去し，関係式 $x^{-1}y^2x = y^2$ は自明な関係式 $x^{-1}x^3x = x^3$ と同値なことに注意すれば，求める結果を得る．

(2) 以下のようなティーツェ変換を行えばよい[92]．

92) 詳細は各自確かめよ．

$$
\begin{aligned}
\langle x, y \mid y^4 = 1, y^2 = x^3 \rangle &\xrightarrow{y^2 \to y^{-2}} \langle x, y \mid y^4 = 1, y^{-2} = x^3 \rangle \\
&\xrightarrow{\sigma = xy} \langle x, y, \sigma \mid y^4 = 1, y^{-2} = x^3, \sigma = xy \rangle \\
&\xrightarrow{y = x^{-1}\sigma} \langle x, \sigma \mid (x^{-1}\sigma)^4 = 1, (x^{-1}\sigma)^{-2} = x^3 \rangle \\
&\xrightarrow{\tau = x\sigma} \langle x, \sigma, \tau \mid (x^{-1}\sigma)^4 = 1, (x^{-1}\sigma)^{-2} = x^3, \tau = x\sigma \rangle \\
&\xrightarrow{x = \tau\sigma^{-1}} \langle \sigma, \tau \mid (\sigma\tau^{-1}\sigma)^4 = 1, \sigma^{-1}\tau\sigma^{-1} = \tau\sigma^{-1}\tau \rangle \\
&\to \langle \sigma, \tau \mid (\sigma\tau^{-1}\sigma)^4 = 1, \sigma\tau^{-1}\sigma = \tau^{-1}\sigma\tau^{-1} \rangle.
\end{aligned}
$$

□

定理 6.24（$\mathrm{GL}(2, \mathbb{Z})$ の表示） $\mathrm{GL}(2, \mathbb{Z})$ は次の有限表示を持つ．

$$
\langle x, y, z \mid x^3y^{-2}, y^4, z^2, z^{-1}xz = yx^2y, z^{-1}yz = y^{-1} \rangle.
$$

ここで，

$$
x = \begin{pmatrix} 1 & -1 \\ 1 & 0 \end{pmatrix}, \quad y := \begin{pmatrix} 0 & 1 \\ -1 & 0 \end{pmatrix}, \quad z := \begin{pmatrix} -1 & 0 \\ 0 & 1 \end{pmatrix}.
$$

証明．補題 6.2 による群の拡大

$$
1 \to \mathrm{SL}(2, \mathbb{Z}) \xrightarrow{i} \mathrm{GL}(2, \mathbb{Z}) \xrightarrow{\det} \{\pm 1\} \to 1
$$

を用いて，定理 6.22 とまったく同様にして示される．□

6.2.3 $\mathrm{P}\Gamma_0(p)$, $\Gamma_0(p)$

$p > 1$ を素数として固定し，$\mathrm{SL}(2, \mathbb{Z})$ の部分群

$$
\Gamma_0(p) := \left\{ \begin{pmatrix} a & b \\ c & d \end{pmatrix} \in \mathrm{SL}(2, \mathbb{Z}) \,\middle|\, c \equiv 0 \pmod{p} \right\}
$$

を考える[93]．$\Gamma_0(p)$ は主合同部分群 $\Gamma(2, p)$ を正規部分群として含むので合同部分群である．同様に，$\mathrm{PSL}(2, \mathbb{Z})$ の部分群

93) これは正規部分群ではないことに注意せよ．

$$\mathrm{P\Gamma}_0(p) := \left\{ \begin{bmatrix} a & b \\ c & d \end{bmatrix} \in \mathrm{PSL}(2, \mathbb{Z}) \,\middle|\, c \equiv 0 \pmod p \right\}$$

を考える[94]．まず，$\mathrm{P\Gamma}_0(p)$ の表示をライデマイスター－シュライアーの方法を用いて求めてみよう．

[94] $\mathrm{P\Gamma}_0(p)$ なる記号は本書のみの便宜的な記号である．

$$S := \begin{bmatrix} 1 & 1 \\ 0 & 1 \end{bmatrix}, \quad T := \begin{bmatrix} 0 & 1 \\ -1 & 0 \end{bmatrix}$$

は $\mathrm{PSL}(2, \mathbb{Z})$ を生成するので，s, t によって生成される自由群を F とし，準同型写像 $\varphi : F \to \mathrm{PSL}(2, \mathbb{Z})$ を $\varphi(s) = S$, $\varphi(t) = T$ で定めると φ は全射である．定理 6.21 とティーツェ変換を用いることで，

$$\mathrm{PSL}(2, \mathbb{Z}) = \langle s, t \,|\, (ts)^3, t^2 \rangle$$

となるので，$\mathrm{Ker}(\varphi) = \mathrm{NC}_F(\{(ts)^3, t^2\})$ である．$H := \mathrm{P\Gamma}_0(p)$, $H' := \varphi^{-1}(H)$ とおく．

補題 6.25

$$U := \{1, t, ts, \ldots, ts^{p-1}\}$$

は，H' の F におけるシュライアー代表系である．

証明．まず，

$$TS^k = \begin{bmatrix} 0 & 1 \\ -1 & -k \end{bmatrix} \ (0 \leq k \leq p-1)$$

であるから，U の各元は相異なる H' 剰余類を定める．これを示すには，$\varphi|_U : U \to \mathrm{PSL}(2, \mathbb{Z})$ が単射であることを示せばよい．ところが，上の TS^k の形からこれは明らか．

次に，F の任意の元 x が U の元と法 H' に関して合同になることを示そう．今，$\varphi(x) = \begin{bmatrix} a & b \\ c & d \end{bmatrix}$ とおく．$c \equiv 0 \pmod p$ であれば，$x \in H'$ であるから，以下，$c \not\equiv 0 \pmod p$ とする．すると，c と p は互いに素であるから，ある $f \in \mathbb{Z}$ で，$cf \equiv 1 \pmod p$ となるものがとれる．このとき，$fd \equiv k \pmod p$ となる $0 \leq k \leq p-1$ がただ一つ存在する．すると，$d \equiv ck \pmod p$ であり，

$$\varphi(x(ts^k)^{-1}) = \begin{bmatrix} a & b \\ c & d \end{bmatrix} \begin{bmatrix} -k & -1 \\ 1 & 0 \end{bmatrix} = \begin{bmatrix} -ak+b & -a \\ -ck+d & -c \end{bmatrix} \in H$$

となるので，$x \in H'ts^k$ となる．□

次に，各 $u \in U$ に対して H' の生成元 $(u,s),(u,t)$ を書き下そう．

- $(u,s) = us\overline{us}^{-1}$ について．
  $u=1$ のとき，$\overline{us}=1$ であるから，$(u,s)=s$．また，$u=ts^k$ $(0 \le k \le p-2)$ のとき，$\overline{us}=us$ であるから，$(u,s)=1$．さらに，$u=ts^{p-1}$ のとき，$\varphi(s^p)=S^p=1 \in H$ であるから $\overline{us}=\overline{ts^p}=\bar{t}=t$．よって，$(u,s)=ts^pt^{-1}$ となる．
- $(u,t) = ut\overline{ut}^{-1}$ について．
  $u=1$ のとき，$(u,t)=1$．また，$u=t$ のとき，$\overline{t^2}=1$ であるから，$(u,t)=t^2$．一方，$u=ts^k$ $(1 \le k \le p-1)$ のとき，

  $$TS^kT = \begin{bmatrix} -1 & 0 \\ k & -1 \end{bmatrix}$$

  に注意すると，上の補題の証明中に述べたことと同様の議論により，

  $$kk_* \equiv -1 \pmod p, \quad 1 \le k_* \le p-1$$

  なる k_* がただ一つ存在して，$ts^kt \in H'ts^{k_*}$ となる．このとき，$(u,t)=ts^kts^{-k_*}t^{-1}$ となる．

以上により，H' は

$$s,\ t^2,\ w := ts^pt,\ v_k := ts^kts^{-k_*}t^{-1}\ (1 \le k \le p-1)$$

で生成される．

さて，H の関係式を求めよう．そのためには，各 $u \in U$ に対して，ut^2u^{-1}, $u(ts)^3u^{-1}$ を，上で求めた生成元の積の形に表せばよい．

- $\sigma := ut^2u^{-1}$ について．
  $u=1$ のとき，$\sigma=t^2$ である．$u=ts^k$ $(1 \le k \le p-1)$ のとき，$(k_*)_*=k$ に注意して，

  $$\sigma = ts^kts^{-k_*}t^{-1} \cdot ts^{k_*}ts^{-k}t^{-1} = v_kv_{k_*}$$

となる．

- $\tau := u(ts)^3u^{-1}$ について．

$u = 1, ts$ のとき，

$$\begin{aligned}\tau &= (ts)^3 = tsts^{-(p-1)}t^{-1}\cdot ts^pt^{-1}\cdot t^2\cdot s\\ &= v_1wt^2s.\end{aligned}$$

$u = t$ のとき，

$$\begin{aligned}\tau &= t(ts)^3t^{-1} = t^2\cdot s\cdot tsts^{-(p-1)}t^{-1}\cdot ts^pt^{-1}\\ &= t^2sv_1w.\end{aligned}$$

$u = ts^k$ $(2 \leq k \leq p-1)$ のとき．$k' := k_* + 1$ とおくと，$k \neq 1$ より，$k_* \neq p-1$ であるから，$2 \leq k' \leq p-1$．よって，

$$\begin{aligned}\tau &= ts^k(ts)^3s^{-k}t^{-1} = ts^kts^{-k_*}t^{-1}\cdot ts^{k_*+1}tsts^{1-k}t^{-1}\\ &= v_k\cdot ts^{k'}tsts^{1-k}t^{-1}.\end{aligned}$$

同様にして，$k'' := k'_* + 1$ とおくと，

$$\tau = v_k\cdot v_{k'}\cdot v_{k''}ts^{k''_*+1-k}t^{-1}$$

となる．今，$kk_* \equiv -1 \pmod p$ より，

$$kk' \equiv k(k_*+1) \equiv k-1 \pmod p.$$

同様に，

$$k'k'' \equiv k'-1, \quad k''(k''_*+1) \equiv k''-1 \pmod p.$$

すると，

$$\begin{aligned}k''(k''_*+1)(k'-1) &\equiv (k''-1)(k'-1)\\ &\equiv (k''-1)k'k'' \pmod p\end{aligned}$$

であり，$k'' \not\equiv 0 \pmod p$ より，

$$(k''_*+1)(k'-1) \equiv (k''-1)k' \equiv -1 \equiv k(k'-1) \pmod p.$$

今，$k'-1 \not\equiv 0 \pmod p$ より，$k''_*+1 \equiv k \pmod p$ となる．ところが，$2 \leq k''_*+1, k \leq p-1$ であるから，$k''_*+1 = k$ で

ある．したがって，得られる関係子は，$v_k v_{k'} v_{k''}$ である．

以上の結果より，ティーツェ変換を施して生成元 t^2, w, v_1 を，それぞれ関係式 $t^2=1, v_1wt^2s=1, v_1v_{p-1}=1$ を用いて順に消去すれば，次の定理を得る．

定理 6.26（$\mathrm{P}\Gamma_0(p)$ の表示）$p>1$ を素数とするとき，$\mathrm{P}\Gamma_0(p)$ は

$$s=\begin{bmatrix}1&1\\0&1\end{bmatrix},\quad v_k=\begin{bmatrix}k_*&1\\-kk_*-1&-k\end{bmatrix}\ (2\le k\le p-1)$$

を生成元とし，

$$v_kv_{k_*}=1\ (2\le k\le p-2),\quad v_kv_{k'}v_{k''}=1\ (2\le k\le p-1)$$

を関係式とする有限表示を持つ．

定理 6.27（$\Gamma_0(p)$ の表示）$p>1$ を素数とするとき，$\Gamma_0(p)$ は

$$s=\begin{pmatrix}1&1\\0&1\end{pmatrix},\quad v_k=\begin{pmatrix}k_*&1\\-kk_*-1&-k\end{pmatrix}\ (2\le k\le p-1),$$
$$z=\begin{pmatrix}-1&0\\0&-1\end{pmatrix}$$

を生成元とし，

$$v_kv_{k_*}=z\ (2\le k\le p-2),\quad v_kv_{k'}v_{k''}=1\ (2\le k\le p-1),$$
$$s^{-1}zs=z,\ v_k^{-1}zv_k=z\ (2\le k\le p-1),\ z^2=1$$

を関係式とする有限表示を持つ．

証明． 自然な群の拡大

$$1\to\{\pm E_2\}\xrightarrow{i}\Gamma_0(p)\xrightarrow{\pi}\mathrm{P}\Gamma_0(p)\to 1$$

を考え，定理 4.4 を適用しよう．そこで，$z=-E_2$ とおくと，$\{\pm E_2\}=\langle z\,|\,z^2\rangle$ であり，定理 6.26 の記号をそのまま踏襲する．ここで，

$$s'=\begin{pmatrix}1&1\\0&1\end{pmatrix},\quad v'_k:=\begin{pmatrix}k_*&1\\-kk_*-1&-k\end{pmatrix}\in\Gamma_0(p)$$

とおくと，$\pi(s') = s, \pi(v'_k) = v_k$ であり，

$$v'_k v'_{k_*} = z, \quad v'_k v'_{k'} v'_{k''} = 1, \quad (s')^{-1} z s' = z, \quad (v'_k)^{-1} z v'_k = z$$

となる．これより求める結果を得る．□

6.2.4 $\mathrm{PSL}(2, \mathbb{F}_p)$, $\mathrm{PGL}(2, \mathbb{F}_p)$

素数 $p > 1$ に対して射影線型群 $\mathrm{PSL}(2, \mathbb{F}_p)$ の表示を考える．本項では，これまでに述べてきたことの応用，および 6.2.6 項の主合同部分群の表示を算出する際の便宜も考慮して，Frasch[19] の論文にある $\mathrm{PSL}(2, \mathbb{F}_p)$ の標準形を利用した証明を解説する[95]．$\mathrm{PGL}(2, \mathbb{F}_p)$ の表示はこれらの結果を用いると直ちに得られる．まず，$\mathrm{PSL}(2, \mathbb{F}_p)$, $\mathrm{PGL}(2, \mathbb{F}_p)$ の位数を確認しておこう．

95) $\mathrm{PSL}(2, \mathbb{F}_p)$ については，Frasch の表示のよりも簡易的な表示が知られている．注意 6.31 を参照されたい．

補題 6.28 素数 $p > 1$ に対して，

(1) $|\mathrm{PGL}(2, \mathbb{F}_p)| = \begin{cases} \frac{p(p-1)^2(p+1)}{2}, & p > 2, \\ 6, & p = 2. \end{cases}$

(2) $|\mathrm{PSL}(2, \mathbb{F}_p)| = \begin{cases} \frac{p(p^2-1)}{2}, & p > 2, \\ 6, & p = 2. \end{cases}$

証明． (1) 群の拡大

$$1 \to \{\pm E_2\} \xrightarrow{i} \mathrm{GL}(2, \mathbb{F}_p) \xrightarrow{\pi} \mathrm{PGL}(2, \mathbb{F}_p) \to 1$$

と定理 6.10 による[96]．(2) もまったく同様である．□

96) $p = 2$ のとき，$\{\pm E_2\} = \{E_2\}$ であることに注意せよ．

$\mathrm{PSL}(2, \mathbb{F}_p)$ の表示を求めるために，$\mathrm{PSL}(2, \mathbb{F}_p)$ の元たちの標準形について考えよう．

$$S := \begin{bmatrix} 1 & 1 \\ 0 & 1 \end{bmatrix}, \quad T := \begin{bmatrix} 0 & 1 \\ -1 & 0 \end{bmatrix} \in \mathrm{PSL}(2, \mathbb{F}_p)$$

とおくと，

$$TST = \begin{bmatrix} -1 & 0 \\ 1 & -1 \end{bmatrix} = \begin{bmatrix} 1 & 0 \\ -1 & 1 \end{bmatrix}$$

であるので，定理 6.7 の (2) より，$\mathrm{PSL}(2, \mathbb{F}_p)$ は S, T で生成され

る．このとき，明らかに

$$S^p = T^2 = (TS)^3 = 1$$

が成り立つ．

$p = 2$ の場合

$\mathrm{PSL}(2, \mathbb{F}_2)$ は位数 6 の非可換群であるから，3 次対称群 $\mathfrak{S}_3$ に同型である[97]．

97) 位数 6 の群は $\mathbb{Z}/6\mathbb{Z}$ か $\mathfrak{S}_3$ のどちらかに同型である．

定理 6.29（$\mathrm{PSL}(2, \mathbb{F}_2)$ の表示） $\mathrm{PSL}(2, \mathbb{F}_2)$ $(= \mathrm{PGL}(2, \mathbb{F}_2))$ は

$$s = \begin{bmatrix} 1 & 1 \\ 0 & 1 \end{bmatrix}, \quad t = \begin{bmatrix} 0 & 1 \\ 1 & 0 \end{bmatrix}$$

を生成元とし，

$$s^2 = t^2 = (ts)^3 = 1$$

を関係式とする有限表示を持つ．

証明. 今，F を s, t で生成される自由群とし，$R := \mathrm{NC}_F(\{s^2, t^2, (ts)^3\})$ とおく．$\varphi : F/R \to \mathrm{PSL}(2, \mathbb{F}_2)$ を標準的な全射とする．これが同型であることを示す．任意の $[x] \in F/R$ に対して，$[s^2] = [t^2] = 1$ であるから，$[x]$ は $[s]$ と $[t]$ の交代積で書ける．さらに，

$$[tststs] = [ststst] = 1$$

であるから，$[x]$ を $[s]$, $[t]$ の交代積として表すとき，代表元の語の長さは 5 以下であるとしてよい．つまり，

$$\begin{gathered} [x] = 1,\ [s],\ [st],\ [sts],\ [stst],\ [ststs], \\ [t],\ [ts],\ [tst],\ [tsts],\ [tstst] \end{gathered}$$

と書ける．さらに，

$$[stst] = [ts],\ [ststs] = [t],\ [tst] = [sts],\ [tsts] = [st],\ [tstst] = [s]$$

に注意すると，

$$[x] = 1,\ [s],\ [t],\ [st],\ [ts],\ [sts]$$

と書けることが分かる．

以上により，$|F/R| \leq 6$ である．一方，φ は全射であるから $|F/R| \geq 6$ である．よって，$|F/R| = 6$ となり，φ は同型写像である．これより求める結果を得る．□

$p \geq 3$ の場合

便宜的に，S と T の他に新しい元 V を導入しよう．今，$\alpha \in \mathbb{Z}$ を $\mathbb{F}_p^\times \cong \mathbb{Z}/(p-1)\mathbb{Z}$ の生成元[98] とし，$\beta \in \mathbb{Z}$ を $\alpha\beta \equiv 1 \pmod{p}$ なる元として固定する．このとき，

$$V := TS^\alpha TS^\beta TS^\alpha = \begin{bmatrix} \beta & -1+\alpha\beta \\ -\alpha\beta+1 & \alpha-\alpha(\alpha\beta-1) \end{bmatrix}$$
$$= \begin{bmatrix} \beta & 0 \\ 0 & \alpha \end{bmatrix} \in \mathrm{PSL}(2, \mathbb{F}_p)$$

とおく．以下，$\mathrm{PSL}(2, \mathbb{F}_p)$ は S, T, V で生成されていると考える．

任意の $\lambda \in \mathbb{Z}$ に対して，

$$V^\lambda = \begin{bmatrix} \beta^\lambda & 0 \\ 0 & \alpha^\lambda \end{bmatrix} = TS^{\alpha^\lambda} TS^{\beta^\lambda} TS^{\alpha^\lambda}$$

であり，$\lambda, \mu, \nu \in \mathbb{Z}$ に対して，

$$V^\lambda S^\mu = \begin{bmatrix} \beta^\lambda & \mu\beta^\lambda \\ 0 & \alpha^\lambda \end{bmatrix}$$
$$V^\lambda S^\mu TS^\nu = \begin{bmatrix} -\mu\beta^\lambda & -(\mu\nu-1)\beta^\lambda \\ -\alpha^\lambda & -\nu\alpha^\lambda \end{bmatrix}$$

となる．そこで，

$$\mathcal{N} := \left\{ V^\lambda S^\mu \,\middle|\, 0 \leq \lambda \leq \frac{p-3}{2},\ 0 \leq \mu \leq p-1 \right\}$$
$$\cup \left\{ V^\lambda S^\mu TS^\nu \,\middle|\, 0 \leq \lambda \leq \frac{p-3}{2},\ 0 \leq \mu, \nu \leq p-1 \right\}$$

とおくと，

$$|\mathcal{N}| = \frac{p(p-1)}{2} + \frac{p^2(p-1)}{2} = \frac{p(p^2-1)}{2} = |\mathrm{PSL}(2, \mathbb{F}_p)|$$

であるから，$\mathrm{PSL}(2, \mathbb{F}_p)$ の任意の元は $\mathcal{N}$ に属する元の形に一意的

[98] 法 p に関する**原始根** (primitive root) という．原始根の取り方は一意的ではない．

に書き表せることが分かる．そこで，$\mathcal{N}$ を $\mathrm{PSL}(2,\mathbb{F}_p)$ の元たちの標準形と呼ぶことにしよう．この標準形に右から生成元 S,T,V をかけたときに標準形がどう変わるかを調べよう．S をかける場合，以下のようになることは明らかである．

$$V^\lambda S^\mu \cdot S = \begin{cases} V^\lambda S^{\mu+1}, & 0 \le \mu \le p-2, \\ V^\lambda, & \mu = p-1. \end{cases}$$

$$V^\lambda S^\mu T S^\nu \cdot S = \begin{cases} V^\lambda S^\mu T S^{\nu+1}, & 0 \le \nu \le p-2, \\ V^\lambda S^\mu T, & \nu = p-1. \end{cases}$$

次に，T をかける場合を考えよう．まず，

$$V^\lambda S^\mu \cdot T = V^\lambda S^\mu T S^0$$

である．また，$V^\lambda S^\mu T S^\nu \in \mathcal{N}$ に対して，$\nu = 0$ のとき，

$$V^\lambda S^\mu T \cdot T = V^\lambda S^\mu$$

である．そこで，$\nu \ne 0$ とする．$0 \le \lambda_* \le \frac{p-3}{2}$，$0 \le \mu_*, \nu_* \le p-1$ を

$$\begin{aligned} \lambda_* &\equiv \lambda + \mathrm{Ind}_\alpha(\nu) \pmod{\frac{p-1}{2}}, \\ \mu_* &\equiv \mu\nu^2 - \nu \pmod{p}, \\ \nu\nu_* &\equiv -1 \pmod{p} \end{aligned} \tag{6.6}$$

を満たすように選ぶ[99]．今，$\alpha^{p-1} \equiv 1 \pmod{p}$ であるから，$\alpha^{\frac{p-1}{2}} \equiv \pm 1 \pmod{p}$．$\alpha$ は法 p に関する原始根であるので，$\alpha^{\frac{p-1}{2}} \equiv -1 \pmod{p}$ である．よって，$\alpha\beta \equiv 1 \pmod{p}$ の両辺を $\frac{p-1}{2}$ 乗して，$\beta^{\frac{p-1}{2}} \equiv -1 \pmod{p}$ であることが分かる．よって，

$$\lambda_* = \lambda + \mathrm{Ind}_\alpha(\nu) + \frac{p-1}{2}m, \quad (m \in \mathbb{Z})$$

とすれば，

$$\begin{aligned} \alpha^{\lambda_*} &\equiv (-1)^m \alpha^{\lambda + \mathrm{Ind}_\alpha(\nu)}, \\ \beta^{\lambda_*} &\equiv (-1)^m \beta^{\lambda + \mathrm{Ind}_\alpha(\nu)} \pmod{p} \end{aligned}$$

となる．このとき，

99) α は法 p に関する原始根なので，p と互いに素な整数 n に対して，$n \equiv \alpha^k \pmod{p}$ をみたす整数 k が法 $p-1$ に関して一意的に存在する．この k を $\mathrm{Ind}_\alpha(n)$ と書く．

$$V^{\lambda}S^{\mu}TS^{\nu}\cdot T=\begin{bmatrix}(\mu\nu-1)\beta^{\lambda} & -\mu\beta^{\lambda}\\ \nu\alpha^{\lambda} & -\alpha^{\lambda}\end{bmatrix}$$

$$V^{\lambda_*}S^{\mu_*}TS^{\nu_*}=\begin{bmatrix}-\mu_*\beta^{\lambda_*} & -(\mu_*\nu_*-1)\beta^{\lambda_*}\\ -\alpha^{\lambda_*} & -\nu_*\alpha^{\lambda_*}\end{bmatrix}$$

であり,

$$\begin{aligned}\mu_*\beta^{\lambda_*} &\equiv (-1)^m(\mu\nu^2-\nu)\beta^{\lambda+\mathrm{Ind}_\alpha(\nu)}\\ &\equiv (-1)^m\nu\beta^{\mathrm{Ind}_\alpha(\nu)}(\mu\nu-1)\beta^{\lambda}\\ &\equiv (-1)^m\alpha^{\mathrm{Ind}_\alpha(\nu)}\beta^{\mathrm{Ind}_\alpha(\nu)}(\mu\nu-1)\beta^{\lambda}\\ &\equiv (-1)^m(\mu\nu-1)\beta^{\lambda}\pmod p.\\ (\mu_*\nu_*-1)\beta^{\lambda_*} &\equiv (-1)^m(\nu(\mu\nu-1)\nu_*-1)\beta^{\lambda+\mathrm{Ind}_\alpha(\nu)}\\ &\equiv (-1)^{m+1}\mu\nu\beta^{\lambda+\mathrm{Ind}_\alpha(\nu)} \qquad (6.7)\\ &\equiv (-1)^{m+1}\mu\beta^{\lambda}\pmod p.\\ \alpha^{\lambda_*} &\equiv (-1)^m\alpha^{\lambda+\mathrm{Ind}_\alpha(\nu)}\\ &\equiv (-1)^m\nu\alpha^{\lambda}\pmod p.\\ \nu_*\alpha^{\lambda_*} &\equiv (-1)^m\nu_*\nu\alpha^{\lambda}\\ &\equiv (-1)^{m+1}\alpha^{\lambda}\pmod p.\end{aligned}$$

となるので,

$$V^{\lambda}S^{\mu}TS^{\nu}\cdot T=V^{\lambda_*}S^{\mu_*}TS^{\nu_*}$$

を得る.

最後に, V をかける場合は次のようになる. 任意の $V^{\lambda}S^{\mu}\in\mathcal{N}$ に対して, $0\le\lambda_\bullet\le\frac{p-3}{2}$, $0\le\mu_\bullet\le p-1$ を

$$\begin{aligned}\lambda_\bullet &\equiv \lambda+1 \pmod{\frac{p-1}{2}},\\ \mu_\bullet &\equiv \mu\alpha^2 \pmod p\end{aligned}\qquad (6.8)$$

を満たすように選ぶ. このとき,

$$V^{\lambda}S^{\mu}\cdot V=\begin{bmatrix}\beta^{\lambda+1} & \mu\alpha\beta^{\lambda}\\ 0 & \alpha^{\lambda+1}\end{bmatrix},$$

$$V^{\lambda_\bullet}S^{\mu_\bullet}=\begin{bmatrix}\beta^{\lambda+1} & \mu\alpha^2\beta^{\lambda+1}\\ 0 & \alpha^{\lambda+1}\end{bmatrix}$$

であり，$\alpha\beta \equiv 1 \pmod{p}$ に注意すれば，

$$V^{\lambda}S^{\mu} \cdot V = V^{\lambda_\bullet}S^{\mu_\bullet}$$

を得る．同様に，任意の $V^{\lambda}S^{\mu}TS^{\nu} \in \mathcal{N}$ に対して，$0 \leq \lambda_\star \leq \frac{p-3}{2}$，$0 \leq \mu_\star, \nu_\star \leq p-1$ を

$$\begin{aligned} \lambda_\star &\equiv \lambda - 1 \pmod{\frac{p-1}{2}}, \\ \mu_\star &\equiv \mu\beta^2 \pmod{p}, \\ \nu_\star &\equiv \nu\alpha^2 \pmod{p} \end{aligned} \tag{6.9}$$

を満たすように選ぶと，

$$V^{\lambda}S^{\mu}TS^{\nu} \cdot V = V^{\lambda_\star}S^{\mu_\star}TS^{\nu_\star}$$

を得る[100)]．

100) 計算を各自確認されたい．

以上の考察から，次の定理が導かれる．

定理 6.30 $p \geq 3$ を素数とするとき，$\mathrm{PSL}(2, \mathbb{F}_p)$ は

$$s = \begin{bmatrix} 1 & 1 \\ 0 & 1 \end{bmatrix}, \quad t = \begin{bmatrix} 0 & 1 \\ -1 & 0 \end{bmatrix}, \quad v = \begin{bmatrix} \beta & 0 \\ 0 & \alpha \end{bmatrix}$$

を生成元とし，

$$\begin{aligned} &s^p = t^2 = 1, \quad v^{\lambda}s^{\mu}ts^{\nu}t = v^{\lambda_*}s^{\mu_*}ts^{\nu_*}, \\ &v^{\lambda}s^{\mu}v = v^{\lambda_\bullet}s^{\mu_\bullet}, \quad v^{\lambda}s^{\mu}ts^{\nu}v = v^{\lambda_\star}s^{\mu_\star}ts^{\nu_\star} \end{aligned} \tag{6.10}$$

を関係式とする有限表示を持つ．ただし，$0 \leq \lambda \leq \frac{p-3}{2}$，$0 \leq \mu, \nu \leq p-1$ であり，$\alpha \in \mathbb{Z}$ は法 p に関する原始根，$\beta \in \mathbb{Z}$ は $\alpha\beta \equiv 1 \pmod{p}$ なる元である．

証明． F を s, t, v が生成する自由群とし，R を F における

$$s^p, \quad t^2, \quad v^{\lambda}s^{\mu}ts^{\nu}t(v^{\lambda_*}s^{\mu_*}ts^{\nu_*})^{-1}, \quad v^{\lambda}s^{\mu}v(v^{\lambda_\bullet}s^{\mu_\bullet})^{-1},$$
$$v^{\lambda}s^{\mu}ts^{\nu}v(v^{\lambda_\star}s^{\mu_\star}ts^{\nu_\star})^{-1} \quad (0 \leq \lambda \leq \frac{p-3}{2}, \ 0 \leq \mu, \nu \leq p-1)$$

たちの正規閉包とする．すると，自然な全射準同型 $\varphi : F/R \to$

$\mathrm{PSL}(2,\mathbb{F}_p)$ が定義される．これが単射であることを示す．そこで，任意の $[x]\in\mathrm{Ker}(\varphi)$ $(x\in F)$ に対して，$[x]=1$ となることを示す．

x を s,t,v の語として表すとき，x を左端から順に標準形に変形することを考えれば，x に適当な元 $r\in R$ をかけることで，

$$xr = v^\lambda s^\mu \quad \text{または} \quad v^\lambda s^\mu t s^\nu$$

なる形に変形できることが分かる．すると，

$$1=\varphi([x])=\varphi([xr])=V^\lambda S^\mu \quad \text{または} \quad V^\lambda S^\mu T S^\nu$$

となるので，$\varphi([x])=V^\lambda S^\mu$ かつ，$\lambda=\mu=0$ でなければならない．よって，$xr=1\in F$ であり，$[x]=[r^{-1}]=1\in F/R$ である．したがって，φ は同型となり求める結果を得る．□

注意 6.31 Behr and Mennicke [15] により，素数 $p>2$ に対して，$\mathrm{PSL}(2,\mathbb{F}_p)$ は

$$\mathrm{PSL}(2,\mathbb{F}_p)=\langle S,T \mid S^p=T^2=(TS)^3=(S^2TS^{\frac{p+1}{2}}T)^3=1\rangle.$$

なる表示を持つことが知られている．

次に，$\mathrm{PGL}(2,\mathbb{F}_p)$ の表示について考察しよう．

定理 6.32（$\mathrm{PGL}(2,\mathbb{F}_p)$ の表示）$p\geq 3$ を素数とするとき，$\mathrm{PGL}(2,\mathbb{F}_p)$ は

$$s=\begin{bmatrix}1&1\\0&1\end{bmatrix},\quad t=\begin{bmatrix}0&1\\-1&0\end{bmatrix},\quad v=\begin{bmatrix}\beta&0\\0&\alpha\end{bmatrix},\quad z=\begin{bmatrix}\alpha&0\\0&1\end{bmatrix}$$

を生成元とし，(6.10) および，

$$z^{p-1}=1,\quad z^{-1}sz=s^\beta,\quad z^{-1}tz=vt,\quad z^{-1}vz=v$$

を関係式とする有限表示を持つ．ここで，$\alpha\in\mathbb{Z}$ は法 p に関する原始根，$\beta\in\mathbb{Z}$ は $\alpha\beta\equiv 1 \pmod p$ なる元である．

証明. 補題 6.15 による群の拡大

$$1 \to \mathrm{PSL}(2, \mathbb{F}_p) \xrightarrow{i'} \mathrm{PGL}(2, \mathbb{F}_p) \xrightarrow{\det'} \langle z \mid z^{p-1} \rangle \to 1$$

を考え，定理 4.4 を適用すればよい．□

6.2.5 $\mathrm{SL}(2, \mathbb{F}_p)$, $\mathrm{GL}(2, \mathbb{F}_p)$

本項では，$\mathrm{SL}(2, \mathbb{F}_p)$ と $\mathrm{GL}(2, \mathbb{F}_p)$ の表示について考える．$p = 2$ のときは，$|\mathrm{SL}(2, \mathbb{F}_2)| = |\mathrm{GL}(2, \mathbb{F}_2)| = 6$ であり，$\mathrm{SL}(2, \mathbb{F}_p) \cong \mathrm{PSL}(2, \mathbb{F}_p)$ である．以下，$p \geq 3$ とする．定理 6.30 を利用することで $\mathrm{SL}(2, \mathbb{F}_p)$ の表示が得られる．

定理 6.33 $p \geq 3$ を素数とするとき，$\mathrm{SL}(2, \mathbb{F}_p)$ は

$$s = \begin{pmatrix} 1 & 1 \\ 0 & 1 \end{pmatrix}, \quad t = \begin{pmatrix} 0 & 1 \\ -1 & 0 \end{pmatrix}, \quad v = \begin{pmatrix} \beta & 0 \\ 0 & \alpha \end{pmatrix}$$

を生成元とし，

$$\begin{aligned} & s^p = 1, \quad v^{\lambda} s^{\mu} t s^{\nu} t (v^{\lambda_*} s^{\mu_*} t s^{\nu_*})^{-1} = t^{2(m+1)}, \\ & v^{\lambda} s^{\mu} v (v^{\lambda_\bullet} s^{\mu_\bullet})^{-1} = 1, \quad v^{\lambda} s^{\mu} t s^{\nu} v (v^{\lambda_\star} s^{\mu_\star} t s^{\nu_\star})^{-1} = 1, \\ & t^4 = 1, \quad s^{-1} t^2 s = t^2, \quad v^{-1} t^2 v = t^2 \end{aligned} \tag{6.11}$$

を関係式とする有限表示を持つ．ただし，$0 \leq \lambda \leq \frac{p-3}{2}$, $0 \leq \mu, \nu \leq p-1$ であり，$\alpha \in \mathbb{Z}$ は法 p に関する原始根，$\beta \in \mathbb{Z}$ は $\alpha\beta \equiv 1 \pmod{p}$ なる元である．また，$m \in \mathbb{Z}$ は

$$\lambda_* = \lambda + \mathrm{Ind}_{\alpha}(\nu) + \frac{p-1}{2} m$$

を満たす整数である．

証明. 自然な群の拡大

$$1 \to \{\pm E_2\} \xrightarrow{i} \mathrm{SL}(2, \mathbb{F}_p) \xrightarrow{\pi} \mathrm{PSL}(2, \mathbb{F}_p) \to 1$$

を考え，定理 4.4 を適用しよう．そこで，$s, t, v,$ を上のようにおき，$z = \begin{pmatrix} -1 & 0 \\ 0 & -1 \end{pmatrix}$ とおくと，$\{\pm E_2\} = \langle z \mid z^2 \rangle$ であり，$\pi(s) = S, \pi(t) = T, \pi(v) = V$ である．ここで，定理 4.4 の手法にしたがって具体的に計算し，$t^2 = z$ なる関係式を用いて生成元 z を消去すれ

ば求める結果を得る[101]．□

101) $v^\lambda s^\mu ts^\nu t(v^{\lambda *} s^{\mu *} ts^{\nu *})^{-1} = z^{m+1}$ については式 (6.7) を参考にせよ．

定理 6.34 $p \geq 3$ を素数とするとき，$\mathrm{GL}(2, \mathbb{F}_p)$ は

$$s = \begin{pmatrix} 1 & 1 \\ 0 & 1 \end{pmatrix}, \quad t = \begin{pmatrix} 0 & 1 \\ -1 & 0 \end{pmatrix}, \quad v = \begin{pmatrix} \beta & 0 \\ 0 & \alpha \end{pmatrix}, \quad w = \begin{pmatrix} \alpha & 0 \\ 0 & 1 \end{pmatrix}$$

を生成元とし，(6.11) および

$$w^{p-1} = 1, \quad w^{-1}sw = s^\beta, \quad w^{-1}tw = vt, \quad w^{-1}vw = v$$

を関係式とする有限表示を持つ．ただし，$0 \leq \lambda \leq \frac{p-3}{2}$，$0 \leq \mu, \nu \leq p-1$ であり，$\alpha \in \mathbb{Z}$ は法 p に関する原始根，$\beta \in \mathbb{Z}$ は $\alpha\beta \equiv 1 \pmod{p}$ なる元である．

証明．補題 6.2 による群の拡大

$$1 \to \mathrm{SL}(2, \mathbb{F}_p) \xrightarrow{i} \mathrm{GL}(2, \mathbb{F}_p) \xrightarrow{\det} \langle w \mid w^{p-1} \rangle \to 1$$

を考え，定理 4.4 を適用すればよい．□

6.2.6 $\Gamma(2, p)$

本項では，素数 $p > 1$ に対して，$\mathrm{SL}(2, \mathbb{Z})$ の主合同部分群 $\Gamma(2, p)$ の表示について解説する．Frasch[19] は，ライデマイスター－シュライアーの方法を用いて，$p \geq 3$ のとき $\Gamma(2, p)$ は階数 $\dfrac{p(p-1)(p+1)}{12} + 1$ の自由群であることを示している．しかしながら，この計算（特に関係式を整理する部分）は大変複雑で長い．本書では生成系をまず紹介し，$p = 3$ の場合に具体的な計算を行って自由群になることを示す．強く興味を持たれた方は，Frasch の原論文[19] をぜひ読んでほしい．最初に，$\overline{\Gamma}(2, p)$ と $\Gamma(2, p)$ の違いについて以下の補題を述べておく．

補題 6.35 $p > 1$ を素数とする．このとき，

$$\overline{\Gamma}(2, p) \cong \begin{cases} \Gamma(2, p), & p > 2, \\ \Gamma(2, p)/\{\pm 1\} & p = 2. \end{cases}$$

証明．補題 6.19 を用いる．$A = \alpha E_2 \in Z(\mathrm{SL}(2, \mathbb{Z}/p\mathbb{Z}))$ とすると，

$\alpha^2 \equiv 1 \pmod p$ となるので，$\alpha \equiv \pm 1 \pmod p$ である[102]．ゆえに，$\pi : \mathrm{SL}(2,\mathbb{Z}) \to \mathrm{SL}(2,\mathbb{Z}/p\mathbb{Z})$ を自然な全射とすると，

102) ここで，p が素数であることを用いた．

$$\pi^{-1}(Z(\mathrm{SL}(2,\mathbb{Z}/p\mathbb{Z}))) = \begin{cases} \Gamma(2,p)\cdot\{\pm E_2\}, & p > 2, \\ \Gamma(2,2), & p = 2 \end{cases}$$

である．実際，$p = 2$ の場合は $Z(\mathrm{SL}(2,\mathbb{Z}/2\mathbb{Z})) = \{E_2\}$ であるから明らか．$p > 2$ とする．$\supset$ の包含関係は明らかである．一方，任意の $A \in \pi^{-1}(Z(\mathrm{SL}(2,\mathbb{Z}/p\mathbb{Z})))$ に対して，$\pi(A) = E_2$ であれば $A \in \Gamma(2,p)$ であり，$\pi(A) = -E_2$ であれば，$\pi(A\cdot(-E_2)) = E_2$ であるから，$A\cdot(-E_2) \in \Gamma(2,p)$ となり，$A \in \Gamma(2,p)\cdot\{\pm E_2\}$ である．

よって，補題 6.19 と

$$\Gamma(2,p) \cap \{\pm E_2\} = \begin{cases} \{E_2\}, & p > 2, \\ \{\pm E_2\}, & p = 2, \end{cases}$$

および第 2 同型定理より

$$\overline{\Gamma}(2,p) \cong \pi^{-1}(Z(\mathrm{SL}(2,\mathbb{Z}/p\mathbb{Z})))/\{\pm E_2\} \cong \Gamma(2,p)/(\Gamma(2,p)\cap\{\pm E_2\})$$

となるので，求める結果を得る．□

$p = 2$ の場合

群の拡大

$$1 \to \overline{\Gamma}(2,2) \xrightarrow{i} \mathrm{PSL}(2,\mathbb{Z}) \xrightarrow{\pi} \mathrm{PSL}(2,\mathbb{F}_2) \to 1$$

と有限表示

$$\mathrm{PSL}(2,\mathbb{Z}) = \langle S, T \mid T^2 = (TS)^3 = 1\rangle, \quad S = \begin{bmatrix} 1 & 1 \\ 0 & 1 \end{bmatrix},\ T := \begin{bmatrix} 0 & 1 \\ -1 & 0 \end{bmatrix},$$

$$\mathrm{PSL}(2,\mathbb{F}_2) = \langle S, T, \mid S^2 = T^2 = (TS)^3 = 1\rangle, \quad S = \begin{bmatrix} 1 & 1 \\ 0 & 1 \end{bmatrix},\ T = \begin{bmatrix} 0 & 1 \\ 1 & 0 \end{bmatrix}$$

に対して，ライデマイスター－シュライアーの方法を適用し，$\overline{\Gamma}(2,2)$ の表示を与えることを考える．

まず，s, t によって生成される自由群を F とし，準同型写像 φ :

$F \to \mathrm{PSL}(2,\mathbb{Z})$ を $\varphi(s) = S$, $\varphi(t) = T$ で定めると φ は全射であり，$\mathrm{Ker}(\varphi) = \mathrm{NC}_F(\{(ts)^3, t^2\})$ である．$H := \overline{\Gamma}(2,2)$, $H' := \varphi^{-1}(H)$ とおく．このとき，

$$U := \{1,\ s,\ t,\ st,\ ts,\ sts\}$$

は，H' の F におけるシュライアー代表系である．

そこで，各 $u \in U$ に対して H' の生成元 $(u,s),(u,t)$ を計算すると以下のようになる．

u	1	s	t	st	ts	sts
(u,s)	1	s^2	1	1	ts^2t^{-1}	$sts^2t^{-1}s^{-1}$
(u,t)	1	1	t^2	st^2s^{-1}	$tstst^{-1}s^{-1}$	$ststs^{-1}t^{-1}$

したがって，H' は

$$v_1 := s^2,\ v_2 := ts^2t^{-1},\ v_3 := sts^2t^{-1}s^{-1},\ v_4 := t^2,$$
$$v_5 := st^2s^{-1},\ v_6 := tstst^{-1}s^{-1},\ v_7 := ststs^{-1}t^{-1}$$

たちで生成される．

次に，これらの生成元たちの間の関係式を求めよう．そのためには，ut^2u^{-1}, $u(ts)^3u^{-1}$ $(u \in U)$ を v_i たちの語として表せばよい．簡単な計算により，以下の表が得られる．

u	1	s	t	st	ts	sts
ut^2u^{-1}	v_4	v_5	v_4	v_5	$v_6v_3v_7$	$v_7v_6v_3$
$u(ts)^3u^{-1}$	$v_6v_2v_1$	$v_7v_2v_4$	$v_4v_7v_2$	$v_2v_1v_6$	$v_6v_2v_1$	$v_7v_2v_4$

そこで，ティーツェ変換により，v_4, v_5 を生成元から消去し，さらに，v_7, v_6, v_3 の順に生成元を消去すると，

$$\begin{aligned}\overline{\Gamma}(2,2) &= \langle v_1,\ v_2,\ v_3,\ v_6,\ v_7 \mid v_6v_3v_7 = 1,\ v_6v_2v_1 = 1,\ v_7v_2 = 1\rangle \\ &= \langle v_1,\ v_2,\ v_3 \mid v_1^{-1}v_2^{-1}v_3v_2^{-1} = 1\rangle \\ &= F(v_1, v_2)\end{aligned}$$

となることが分かる．よって次の定理を得る．

定理 6.36（$\overline{\Gamma}(2,2)$ の表示）$\overline{\Gamma}(2,2)$ は

$$S^2 = \begin{bmatrix} 1 & 2 \\ 0 & 1 \end{bmatrix}, \quad TS^2T^{-1} = \begin{bmatrix} 1 & 0 \\ -2 & 1 \end{bmatrix}$$

を基底とする階数 2 の自由群である．

系 6.37（$\Gamma(2,2)$ の表示）$\Gamma(2,2) \cong \{\pm E_2\} \times \overline{\Gamma}(2,2)$ であり，

$$\Gamma(2,2) = \langle v_1,\ v_2,\ z \mid z^2 = [v_1, z] = [v_2, z] = 1 \rangle.$$

証明．群の拡大

$$1 \to \{\pm E_2\} \xrightarrow{i} \Gamma(2,2) \xrightarrow{\pi} \overline{\Gamma}(2,2) \to 1$$

に対して，$\overline{\Gamma}(2,2)$ は階数 2 の自由群であるから，自由群の普遍写像性質より，準同型写像 $s : \overline{\Gamma}(2,2) \to \Gamma(2,2)$ で

$$\begin{bmatrix} 1 & 2 \\ 0 & 1 \end{bmatrix} \mapsto \begin{pmatrix} 1 & 2 \\ 0 & 1 \end{pmatrix}, \quad \begin{bmatrix} 1 & 0 \\ -2 & 1 \end{bmatrix} \mapsto \begin{pmatrix} 1 & 0 \\ -2 & 1 \end{pmatrix}$$

となるものが存在する．このとき，$\pi \circ s = \mathrm{id}_{\overline{\Gamma}(2,2)}$ であるから，s は切断であり，この拡大は分裂する．ゆえに，$\Gamma(2,2) \cong \{\pm E_2\} \rtimes \overline{\Gamma}(2,2)$ となる．さらに，$\{\pm E_2\}$ は $\Gamma(2,2)$ の中心に含まれており，$\overline{\Gamma}(2,2)$ の $\{\pm E_2\}$ への共役作用は自明である．ゆえに，$\Gamma(2,2) \cong \{\pm E_2\} \times \overline{\Gamma}(2,2)$ であり，求める結果を得る．□

$p \geq 3$ の場合

以下，$p \geq 3$ に対して，群の拡大

$$1 \to \overline{\Gamma}(2,p) \xrightarrow{i} \mathrm{PSL}(2,\mathbb{Z}) \xrightarrow{\pi} \mathrm{PSL}(2,\mathbb{F}_p) \to 1$$

と有限表示[103)]

$$\mathrm{PSL}(2,\mathbb{Z}) = \langle S, T, V \mid T^2 = (TS)^3 = 1,\ TS^\alpha TS^\beta TS^\alpha V^{-1} = 1 \rangle,$$
$$S = \begin{bmatrix} 1 & 1 \\ 0 & 1 \end{bmatrix},\ T := \begin{bmatrix} 0 & 1 \\ -1 & 0 \end{bmatrix},$$

103) この $\mathrm{PSL}(2,\mathbb{Z})$ の表示は，定理 6.21 で得られた $\mathrm{PSL}(2,\mathbb{Z})$ の表示に，新たな生成元として V を加えるティーツェ変換を施すことで得られる．$\alpha, \beta \in \mathbb{Z}$ は定理 6.30 のとおりである．

$$V = \begin{bmatrix} \beta & -1+\alpha\beta \\ -\alpha\beta+1 & \alpha-\alpha(\alpha\beta-1) \end{bmatrix},$$

$\mathrm{PSL}(2,\mathbb{F}_p) = \langle S', T', V' \mid (6.10) \rangle$,

$$S' = \begin{bmatrix} 1 & 1 \\ 0 & 1 \end{bmatrix}, \quad T' = \begin{bmatrix} 0 & 1 \\ -1 & 0 \end{bmatrix}, \quad V' = \begin{bmatrix} \beta & 0 \\ 0 & \alpha \end{bmatrix}$$

に対して，ライデマイスター – シュライアーの方法を適用し，$\overline{\Gamma}(2,p)$ の表示を与えることを考える．

まず，s, t, v によって生成される自由群を F とし，準同型写像 $\varphi : F \to \mathrm{PSL}(2,\mathbb{Z})$ を $\varphi(s) = S$, $\varphi(t) = T$, $\varphi(v) = V$ で定めると φ は全射である．さらに，

$$\mathrm{Ker}(\varphi) = \mathrm{NC}_F(\{(ts)^3, t^2, ts^\alpha ts^\beta ts^\alpha v^{-1}\})$$

である．$H := \overline{\Gamma}(2,p)$, $H' := \varphi^{-1}(H)$ とおく．このとき，

$$U := \left\{ v^\lambda s^\mu \;\middle|\; 0 \le \lambda \le \frac{p-3}{2},\ 0 \le \mu \le p-1 \right\} \cup \left\{ v^\lambda s^\mu t s^\nu \;\middle|\; 0 \le \lambda \le \frac{p-3}{2},\ 0 \le \mu, \nu \le p-1 \right\}$$

は，H' の F におけるシュライアー代表系である．

そこで，各 $u \in U$ に対して H' の生成元 $(u,s), (u,t), (u,v)$ を書き下そう．

- $(u,s) = us\overline{us}^{-1}$ について．
  $u = v^\lambda s^\mu$ のとき，

$$U(\lambda,\mu,s) := (u,s) = \begin{cases} 1, & \mu \ne p-1, \\ v^\lambda s^p v^{-\lambda} & \mu = p-1. \end{cases}$$

  であり，$u = v^\lambda s^\mu t s^\nu$ のとき，

$$U(\lambda,\mu,\nu,s) := (u,s) = \begin{cases} 1, & \nu \ne p-1, \\ v^\lambda s^\mu t s^p t^{-1} s^{-\mu} v^{-\lambda}, & \nu = p-1. \end{cases}$$

- $(u,t) = ut\overline{ut}^{-1}$ について．
  $u = v^\lambda s^\mu$ のとき，

$$U(\lambda,\mu,t) := (u,t) = 1.$$

$u = v^\lambda s^\mu t s^\nu$ のとき,

$$U(\lambda,\mu,\nu,t) := (u,t) = \begin{cases} v^\lambda s^\mu t^2 s^{-\mu} v^{-\lambda}, & \nu = 0, \\ v^\lambda s^\mu t s^\nu t s^{-\nu_*} t^{-1} s^{-\mu_*} v^{-\lambda_*}, & \nu \neq 0. \end{cases}$$

となる．ここで，$0 \le \lambda_* \le \frac{p-3}{2}$，$0 \le \mu_*, \nu_* \le p-1$ は (6.6) で定義される整数である．

- $(u,v) = uv\overline{uv}^{-1}$ について．
  $u = v^\lambda s^\mu$ のとき，

$$U(\lambda,\mu,v) := (u,v) = \begin{cases} 1, & \mu = 0,\ \lambda \neq \frac{p-3}{2}, \\ v^{\frac{p-1}{2}}, & \mu = 0,\ \lambda = \frac{p-3}{2}, \\ v^\lambda s^\mu v s^{-\mu_\bullet} v^{-\lambda_\bullet}, & \mu \neq 0 \end{cases}$$

となる．ここで，$0 \le \lambda_\bullet \le \frac{p-3}{2}$，$0 \le \mu_\bullet \le p-1$ は (6.8) で定義される整数である．$u = v^\lambda s^\mu t s^\nu$ のとき，

$$U(\lambda,\mu,\nu,v) := (u,v) = v^\lambda s^\mu t s^\nu v s^{-\nu_\star} t^{-1} s^{-\mu_\star} v^{-\lambda_\star}$$

ここで，$0 \le \lambda_\star \le \frac{p-3}{2}$，$0 \le \mu_\star, \nu_\star \le p-1$ は (6.9) で定義される整数である．

以上により，H' は $0 \le \lambda \le \frac{p-3}{2}$，$0 \le \mu, \nu \le p-1$ に対して，

$$\begin{aligned} &U(\lambda, p-1, s),\ U(\lambda,\mu,p-1,s),\ U(\lambda,\mu,\nu,t), \\ &U\left(\frac{p-3}{2}, 0, \nu, v\right),\ U(\lambda,\mu,v)\ (\mu \neq 0),\ U(\lambda,\mu,\nu,v) \end{aligned}$$

たちで生成される．

例 6.38 ($\overline{\Gamma}(2,3)$ **の生成系と関係式**) ここでは，具体的に $p=3$ の場合を考えてみよう．$p=3$ の場合，$\alpha=\beta=2$ であり，$V=1\in \mathrm{PSL}(2,\mathbb{F}_3)$ である[104]．特に，$\mathrm{PSL}(2,\mathbb{F}_3)$ の元たちの標準形は

$$\mathcal{N} = \{S^\mu,\ S^\mu T S^\nu \mid 0 \le \mu, \nu \le 2\}$$

となる．したがって，定理 6.30 と同様に考えると，$\mathrm{PSL}(2,\mathbb{F}_3)$ は

104) $V=1$ となるのは $p=3$ の場合の特殊性による．

$$\langle S, T \mid S^3 = T^2 = 1,\quad S^{\mu}TS^{\nu}T = S^{\mu_*}TS^{\nu_*}\ (0 \leq \mu, \nu \leq 2)\rangle$$

なる有限表示を持つ．そこで，

$$\mathrm{PSL}(2, \mathbb{Z}) = \langle S, T \mid T^2 = (TS)^3 = 1\rangle$$

を用いて，上述の議論と同様にして $\overline{\Gamma}(2,3)$ の生成系を算出することを考える．

まず，s, t によって生成される自由群を F とし，準同型写像 $\varphi : F \to \mathrm{PSL}(2, \mathbb{Z})$ を $\varphi(s) = S$，$\varphi(t) = T$ で定めると φ は全射である．さらに，

$$\mathrm{Ker}(\varphi) = \mathrm{NC}_F(\{(ts)^3, t^2\})$$

である．$H := \overline{\Gamma}(2,3)$, $H' := \varphi^{-1}(H)$ とおく．このとき，H' の F におけるシュライアー代表系は

$$U := \{s^{\mu},\ s^{\mu}ts^{\nu} \mid 0 \leq \mu, \nu \leq 2\}$$

である．これを利用して，ライデマイスター－シュライアーの方法によって H' の生成系を求めると，

$$\begin{aligned}
U_{0,2,S} &:= s^3,\\
U_{0,\mu,2,S} &:= s^{\mu}ts^3T^{-1}s^{-\mu},\\
U_{0,\mu,0,T} &:= s^{\mu}t^2s^{-\mu},\\
U_{0,\mu,\nu,T} &:= s^{\mu}ts^{\nu}ts^{-\nu_*}t^{-1}s^{-\mu_*}
\end{aligned}$$

$(0 \leq \mu \leq 2,\ 1 \leq \nu \leq 2)$ となる．

次に，これらの生成元たちの間の関係子を求める．そこで，ut^2u^{-1}，$u(ts)^3u^{-1}$ $(u \in U)$ を上の生成元たちの積として表す．

- ut^2u^{-1} について．

  $u = s^{\mu}, u = s^{\mu}t$ $(0 \leq \mu \leq 2)$ のとき

$$ut^2u^{-1} = U_{0,\mu,0,T}. \tag{6.12}$$

$u = s^{\mu}ts^{\nu}$ $(\nu \neq 0)$ のとき，$U_{0,\mu,\nu,T}U_{0,\mu_*,\nu_*,T}$．具体的には，

$$U_{0,0,1,T}U_{0,2,2,T},\quad U_{0,1,1,T}U_{0,0,2,T},\quad U_{0,2,1,T}U_{0,1,2,T}, \tag{6.13}$$

もしくはこれと本質的に同値な関係子が得られる.

- $u(ts)^3u^{-1}$ について.
  $u = s^0 = 1$ のとき

$$U_{0,0,1,T}U_{0,2,2,S}U_{0,2,0,T}U_{0,2,S}. \tag{6.14}$$

$u = s^\mu$ $(\mu \neq 0)$ のとき

$$U_{0,\mu,1,T}U_{0,\mu-1,2,S}U_{0,\mu-1,0,T}. \tag{6.15}$$

$u = s^\mu t, s^\mu ts$ のときは (6.14) と (6.15) に同値な関係子が得られる[105].

[105] 各自, 計算を確認されたい.

$u = s^\mu ts^2$ のとき. $\mu = 0$ のとき

$$ts^2tststs^{-1}t^{-1} = U_{0,0,2,T}U_{0,1,2,T}U_{0,2,2,T}. \tag{6.16}$$

$\mu = 1, 2$ のときもこれと本質的に同値な関係子が得られる.

以上の情報をもとにティーツェ変換を行って生成元を消去する. まず, (6.12) により $U_{0,\mu,0,T}$ を消去する. 続いて, (6.13) により $U_{0,\mu,1,T}$ を, (6.14) と (6.15) により $U_{0,\mu,2,S}$ を消去する. 最後に (6.16) を用いて, $U_{0,2,2,T}$ を消去すれば, $\overline{\Gamma}(2,3)$ は

$$U_{0,2,S} = \begin{bmatrix} 1 & 3 \\ 0 & 1 \end{bmatrix}, \ U_{0,0,2,T} = \begin{bmatrix} 1 & 0 \\ -3 & 1 \end{bmatrix}, \ U_{0,1,2,T} = \begin{bmatrix} -2 & 3 \\ -3 & 4 \end{bmatrix}$$

を基底とする自由群であることが分かる.

6.3 3 次以上の線型群

$GL(2, \mathbb{Z})$ に比べて, 一般線型群 $GL(n, \mathbb{Z})(n \geq 3)$ の構造は非常に複雑で難しい. 歴史的には, 1924 年にニールセンが $GL(3, \mathbb{Z})$ の表示を与え, それを利用して Magnus[106] [26] が 1935 年に一般の $n \geq 4$ に対する $GL(n, \mathbb{Z})$ の表示を与えた. 一方, 1960 年代の代数的 K 理論の発展と相まって, スタインバーグ[107] が $SL(n, \mathbb{Z})$ の普遍中心拡大の構成することで $SL(n, \mathbb{Z})$ の表示を得た.

[106] Wilhelm Magnus (1907.2.5–1990.10.15). ドイツ出身の数学者. 1931 年にフランクフルト大学で学位を取得後, 1938 年まで同大の教員として群の表示に関する研究を精力的に行った. 第二次世界大戦中はドイツ国内で大学教授職に就くことができず, 1947 年にゲッティンゲン大学の教授に就任するも, 1948 年にはアメリカへ移住し, ニューヨークの大学や研究所で研究を続けた.

[107] Robert Steinberg (1922.5.25–2014.5.25). ルーマニア出身の数学者. 1948 年にカナダのトロント大学で学位を取得. 1992 年に退職するまでカリフォルニア大学ロサンゼルス校で教鞭をとった. 代数群の理論や代数的 K 理論の発展に大きく貢献した. 1985 年に米国科学アカデミー会員に選出された.

本節では，まず Magnus が $\mathrm{GL}(n,\mathbb{Z})$ の表示を求める際に用いたハイゼンベルグ群の表示を紹介する．比較的扱いやすい群なので，群の表示を書き下す演習に格好の題材だと思う．その後，Milnor の名著[28] にある，Silvester によって簡略化されたスタインバーグの証明に沿って $\mathrm{SL}(n,\mathbb{Z})$ の表示を解説する．

6.3.1 ハイゼンベルグ群

$n \geq 2$ を自然数とする．n 次の下三角行列

$$A = \begin{pmatrix} 1 & O & & & O \\ a_{21} & 1 & & \ddots & \\ a_{31} & a_{32} & \ddots & & O \\ \vdots & & \ddots & \ddots & \\ a_{n1} & a_{n2} & \cdots & a_{n,n-1} & 1 \end{pmatrix} \quad (各 a_{ij} は整数) \qquad (6.17)$$

全体の集合を $\Lambda_n(\mathbb{Z})$ とおくと，$\Lambda_n(\mathbb{Z})$ は $\mathrm{SL}(n,\mathbb{Z})$ の部分群になる．これを $\mathbb{Z}$ 上の n 次の**ハイゼンベルグ群** (Heisenberg group) という．すると，

$$\Lambda_n(\mathbb{Z}) = \langle P_{ij}(1) \,|\, 1 \leq j < i \leq n \rangle$$

であり，各元 $A \in \Lambda_n(\mathbb{Z})$ は

$$A = P_{21}(1)^{a_{21}} \cdot (P_{31}(1)^{a_{31}} P_{32}(1)^{a_{32}}) \cdots$$
$$\cdots (P_{n1}(1)^{a_{n1}} P_{n2}(1)^{a_{n2}} \cdots P_{n,n-1}(1)^{a_{n,n-1}})$$

なる形に一意的に表される．これを，生成系 $\{P_{ij}(1) \,|\, 1 \leq j < i \leq n\}$ に関する $\Lambda_n(\mathbb{Z})$ の元の**標準形** (normal formal) と呼ぶ[108]．

108) 詳細は拙著[5] を参照されたい．

定理 6.39（ハイゼンベルグ群の表示）$n \geq 2$ に対し，$\Lambda_n(\mathbb{Z})$ は有限表示

$$\Lambda_n(\mathbb{Z}) = \langle\, x_{ij}\ (1 \leq j < i \leq n) \,|\, [x_{ij}, x_{jk}] = x_{ik}\ (1 \leq k < j < i \leq n),$$
$$[x_{ij}, x_{kl}] = 1\ (i \neq l,\ j \neq k) \,\rangle$$

を持つ．

証明．以下は Magnus[26] による証明である．F を $\{x_{ij} \,|\, 1 \leq j <$

$i \leq n\}$ 上の自由群とし，全射準同型写像 $\varphi : F \to \Lambda_n(\mathbb{Z})$ を，x_{ij} を行列 $P_{ij}(1)$ に対応させることで定める．すると，

$$R := \{[x_{ij}, x_{jk}]x_{ik}^{-1} \mid 1 \leq k < j < i \leq n\}$$
$$\cup \{[x_{ij}, x_{kl}] \mid i \neq l,\ j \neq k\}$$

とおくと，$R \subset \mathrm{Ker}(\varphi)$ であることが簡単な計算から分かる．よって，$\mathrm{NC}_F(R) \subset \mathrm{Ker}(\varphi)$．ゆえに，$\varphi$ は全射準同型写像

$$\widetilde{\varphi} : F/\mathrm{NC}_F(R) \to \Lambda_n(\mathbb{Z}), \quad \widetilde{\varphi}([w]) := \varphi(w)$$

を誘導する．これが同型写像であることを示そう．そのためには，任意の元 $w \in F$ に対して，

$$w \equiv x_{21}^{a_{21}} \cdot (x_{31}^{a_{31}} x_{32}^{a_{32}}) \cdots (x_{n1}^{a_{n1}} x_{n2}^{a_{n2}} \cdots x_{n,n-1}^{a_{n,n-1}}) \pmod{\mathrm{NC}_F(R)} \quad (6.18)$$

が成り立つことを示せばよい．実際，$[w] \in \mathrm{Ker}(\widetilde{\varphi})$ とするとき，w が上式のように変形できたとする．すると，φ による w の像は単位行列であるから，任意の $1 \leq j < i \leq n$ に対して，$a_{ij} = 0$ でなければならない．ゆえに，$w \equiv 1 \pmod{\mathrm{NC}_F(R)}$ となり，$[w] = 1$ である．よって，$\widetilde{\varphi}$ は単射となり，同型写像であることが分かる．

そこで，(6.18) を示すためには，一般に，標準形の形をした元

$$v := x_{21}^{e_{21}} \cdot (x_{31}^{e_{31}} x_{32}^{e_{32}}) \cdots (x_{n1}^{e_{n1}} x_{n2}^{e_{n2}} \cdots x_{n,n-1}^{e_{n,n-1}}) \in F$$

に対して，v に F の生成元（および，その逆元）である x_{ij}^e $(e = \pm 1)$ を左から乗じたものが，関係式

$$[x_{ij}, x_{jk}] = x_{ik} \ (1 \leq k < j < i \leq n), \quad (6.19)$$
$$[x_{ij}, x_{kl}] = 1 \ (i \neq l,\ j \neq k) \quad (6.20)$$

のみを用いて，$\pmod{\mathrm{NC}_F(R)}$ で再び標準形の形

$$x_{ij}^e \cdot v \equiv x_{21}^{d_{21}} \cdot (x_{31}^{d_{31}} x_{32}^{d_{32}}) \cdot \cdots \cdot (x_{n1}^{d_{n1}} x_{n2}^{d_{n2}} \cdots x_{n,n-1}^{d_{n,n-1}}) \pmod{\mathrm{NC}_F(R)} \quad (6.21)$$

に変形できることを示せばよい．実際，これが分かれば，$w = x_{i_1 j_1}^{e_1} \cdots x_{i_m j_m}^{e_m}$ に対して，まず $x_{i_m j_m}^{e_m}$ 自身は標準形とみなすことができるので，次に $x_{i_{m-1} j_{m-1}}^{e_{m-1}} x_{i_m j_m}^{e_m}$ を標準形に書きなおす．さら

に，この操作を右端から順に繰り返していけば，最終的に w を与えられた関係式のみを用いて標準形に変形できる．

以下，(6.21) を示す．まず，関係式 (6.20) を適宜用いて，

$$x_{ij}^{e}\cdot v \equiv x_{21}^{e_{21}}\cdots(x_{j-1,1}^{e_{j-1,1}}\cdots x_{j-1,j-2}^{e_{j-1,j-2}})x_{ij}^{e}$$
$$\cdot(x_{j1}^{e_{j1}}\cdots x_{j,j-1}^{e_{j,j-1}})\cdots(x_{n,1}^{e_{n,1}}\cdots x_{n,n-1}^{e_{n,n-1}}) \pmod{\mathrm{NC}_F(R)}$$

とできる．そこで，$x_{ij}^{e}x_{j1}^{e_{j1}}$ なる部分について考えよう．関係式 (6.19) の，$[x_{ij}, x_{j1}] = x_{i1}$ を用いると，

$$x_{ij}^{\pm1}x_{j1}^{e_{j1}} \equiv x_{j1}^{e_{j1}}x_{i1}^{\mp e_{j1}}x_{ij}^{\pm1} \pmod{\mathrm{NC}_F(R)}$$

と変形できる[109]．したがって，同様の操作によって，

$$x_{ij}^{\pm1}(x_{j1}^{e_{j1}}\cdots x_{j,j-1}^{e_{j,j-1}}) \equiv (x_{j1}^{e_{j1}}\cdots x_{j,j-1}^{e_{j,j-1}})(x_{i1}^{\mp e_{j1}}\cdots x_{i,j-1}^{\mp e_{i,j-1}})x_{ij}^{\pm1}$$
$$\pmod{\mathrm{NC}_F(R)}$$

となることが分かる．よって，再び関係式 (6.20) を適宜用いて，$x_{ij}^{e}\cdot v$ が (6.21) の形に書ける．以上より，求める結果を得る．□

109) x_{ij} と x_{j1} の指数で場合分けして一つずつ計算してみよ．

注意 6.40 $\Lambda_n(\mathbb{Z})$ において，$P_{ij}(1)$ $(2 \le j < i \le n)$ によって生成される部分群を $\Lambda_{n-1}(\mathbb{Z})$ と同一視し，$T_n := \langle P_{i1} \,|\, 2 \le i \le n\rangle \cong \mathbb{Z}^{n-1}$ とおくと，分裂完全系列

$$1 \to T_n \to \Lambda_n(\mathbb{Z}) \to \Lambda_{n-1}(\mathbb{Z}) \to 1$$

が得られる．$\Lambda_2(\mathbb{Z}) \cong \mathbb{Z}$ であるので，上の分裂拡大を帰納的に用いて定理 6.39 を示すこともできる．余力がある方はぜひ確認してほしい．

6.3.2 スタインバーグ群

$\mathrm{SL}(n,\mathbb{Z})$ の表示を求める上で，Magnus の手法にしてもスタインバーグの手法にしても，基本的には $\mathrm{SL}(n,\mathbb{Z})$ の元の標準形と，想定される生成元たちの関係式を求めておき，任意の元をその関係式を用いて標準形に変形できるかどうかということを考察する．これは，有限群のように位数による評価式が使えない無限群の表示を求める際の一つの常套手段でもある．スタインバーグは，$\mathrm{SL}(n,\mathbb{Z})$ の

標準形を考察するために，組合せ群論的に $\mathrm{SL}(n,\mathbb{Z})$ と非常に似ている"ダミー"の群[110]を生成元と関係式を用いて定義し，その群の性質を詳しく調べた．

110）いわゆるスタインバーグ群のことであるが，もちろん，スタインバーグ自身の論文に"スタインバーグ群"と書いてあるわけではない．

R を単位的可換環とする．$n \geq 3$ に対し，生成元と関係式を用いて定義される群

$$\begin{aligned}\mathrm{St}(n,R) := \langle\, x_{ij}(t)\ (1 \leq i \neq j \leq n,\ t \in R) \mid\ & x_{ij}(t)x_{ij}(u) = x_{ij}(t+u), \\ & [x_{ij}(t), x_{jk}(u)] = x_{ik}(tu)\ (i \neq k), \\ & [x_{ij}(t), x_{kl}(u)] = 1\ (i \neq l,\ j \neq k)\,\rangle,\end{aligned} \tag{6.22}$$

を考える．$n=2$ のとき，

$$\begin{aligned}\mathrm{St}(2,R) := \langle\, x_{12}(t), x_{21}(u)\ (t,u \in R) \mid\ & x_{ij}(t)x_{ij}(u) = x_{ij}(t+u), \\ & w_{12}(t)x_{12}(u)w_{12}(t)^{-1} = x_{21}(-t^{-2}u)\ (t \in R^{\times}), \\ & w_{21}(t)x_{21}(u)w_{21}(t)^{-1} = x_{12}(-t^{-2}u)\ (t \in R^{\times})\,\rangle,\end{aligned}$$

とおく．ここで，任意の $t \in R^{\times}$ に対して，

$$\begin{aligned} w_{ij}(t) &:= x_{ij}(t)x_{ji}(-t^{-1})x_{ij}(t) \in \mathrm{St}(n,R), \\ h_{ij}(t) &:= w_{ij}(t)w_{ij}(-1) \in \mathrm{St}(n,R) \end{aligned}$$

である．$\mathrm{St}(n,R)$ を R 上の n 次**スタインバーグ群** (Steinberg group) という．また，表示群の普遍性から，対応 $x_{ij}(t) \mapsto P_{ij}(t)$ により，準同型写像

$$\varphi : \mathrm{St}(n,R) \to \mathrm{SL}(n,R)$$

が誘導され，

$$\varphi(w_{ij}(t)) = \begin{pmatrix} 0 & t \\ -t^{-1} & 0 \end{pmatrix}, \quad \varphi(h_{ij}(t)) = \begin{pmatrix} t & 0 \\ 0 & t^{-1} \end{pmatrix}$$

である．（ここで，上の行列は，簡単のため第 i,j 行と第 i,j 列のみを示している．）特に，R が Euclid 整域であれば，φ は全射である．$R=\mathbb{Z}$ の場合にこの準同型写像の核を決定することが以下の目標である．

さて，

$$W_n := \langle\, w_{ij}(t) \mid 1 \leq i \neq j \leq n,\ t \in R^{\times}\,\rangle$$

とおく．$E_n \in \mathrm{GL}(n, R)$ の列を並び換えてできる行列を**置換行列** (permutation matrix) と呼び，置換行列 $\times$ 対角行列と表されるような $\mathrm{GL}(n, R)$ の元を**モノミアル行列** (monomial matrix) と呼ぶ．また，対角成分が $v_1, v_2, \ldots, v_n$ である対角行列を $\mathrm{diag}(v_1, \ldots, v_n)$ と表す．

補題 6.41

$$\varphi(W_n) = \{A \in \mathrm{SL}(n, R) \mid A \text{ はモノミアル行列 }\}$$

証明. $\subset$ は明らか．そこで，$A \in \mathrm{SL}(n, R)$ をモノミアル行列とし，$A = PD$ とする．（ここで，P は置換行列，D は対角行列．）今，

$$\varphi(w_{ij}(1)) = \begin{pmatrix} 0 & 1 \\ -1 & 0 \end{pmatrix}, \quad \varphi(w_{ij}(1)^3) = \begin{pmatrix} 0 & -1 \\ 1 & 0 \end{pmatrix}$$

である．（ここで，上の行列は，簡単のため第 i, j 行と第 i, j 列のみを示している．）これらの行列を左からかけることは，i 行目と j 行目を入れ換えてどちらか一方の行を -1 倍する基本変形に相当する．ゆえに，これらの行列たちのある積 X で，$XP = \begin{pmatrix} E_{n-1} & 0 \\ 0 & e \end{pmatrix}$ ($e = \pm 1$) となるものが存在する．よって，$\det XA = 1$ に注意すれば，

$$XA = XPD = \mathrm{diag}(t_1, \ldots, t_n), \quad t_1 t_2 \cdots t_n = 1$$

と書ける．すなわち，$A = X^{-1}\varphi(h_{1n}(t_1)h_{2n}(t_2)\cdots h_{n-1,n}(t_{n-1})) \in \varphi(W_n)$ である．$\square$

補題 6.42 $n \geq 3$ とする．相異なる $1 \leq i, j, k \leq n$ および，任意の $t, u \in R^\times$ に対して，以下の等式が成り立つ．

(1) $w_{ij}(t)^{-1} = w_{ij}(-t)$

(2) $w_{ij}(u)x_{ik}(t)w_{ij}(u)^{-1} = x_{jk}(-tu^{-1})$

(3) $w_{ij}(u)x_{kj}(t)w_{ij}(u)^{-1} = x_{ki}(tu^{-1})$

(4) $w_{ij}(u)x_{ki}(t)w_{ij}(u)^{-1} = x_{kj}(-tu)$

(5) $w_{ij}(u)x_{jk}(t)w_{ij}(u)^{-1} = x_{ik}(tu)$

(6) $w_{ij}(u)x_{ij}(t)w_{ij}(u)^{-1} = x_{ji}(-tu^{-2})$

(7) $w_{ij}(u)x_{ji}(t)w_{ij}(u)^{-1} = x_{ij}(-tu^2)$
(8) $w_{ij}(u) = w_{ji}(-u^{-1})$

証明. (1) $w_{ij}(t)^{-1} = x_{ij}(t)^{-1}x_{ji}(-t^{-1})^{-1}x_{ij}(t)^{-1} = x_{ij}(-t)x_{ji}(t^{-1})x_{ij}(-t) = w_{ij}(-t)$. (2) 関係式を用いて以下のような式変形を考えればよい.

$$
\begin{aligned}
\text{左辺} &= x_{ij}(u)x_{ji}(-u^{-1})\underline{x_{ij}(u)\,x_{kj}(t)\,x_{ij}(-u)}x_{ji}(u^{-1})x_{ij}(-u) \\
&= x_{ij}(u)\underline{x_{ji}(-u^{-1})\underline{x_{kj}(t)}x_{ji}(u^{-1})}x_{ij}(-u) \\
&= x_{ij}(u)\underline{x_{ki}(tu^{-1})x_{kj}(t)}x_{ij}(-u) \\
&= \underline{x_{ij}(u)x_{ki}(tu^{-1})}x_{kj}(t)x_{ij}(-u) \\
&= \underline{x_{kj}(-t)x_{ki}(tu^{-1})x_{ij}(u)}x_{kj}(t)x_{ij}(-u) \\
&= x_{ki}(tu^{-1})[x_{kj}(-t), x_{ij}(u)] = x_{ki}(tu^{-1})
\end{aligned}
$$

(3), (4), (5) は (2) と同様である.

(6) $n \geq 3$ より, ある $k \neq i, j$ がとれる. このとき, $x_{ij}(t) = [x_{ik}(t), x_{kj}(1)]$ に注意して,

$$
\begin{aligned}
\text{左辺} &= w_{ij}(u)[x_{ik}(t), x_{kj}(1)]w_{ij}(u)^{-1} \\
&= [w_{ij}(u)x_{ik}(t)w_{ij}(u)^{-1}, w_{ij}(u)x_{kj}(1)w_{ij}(u)^{-1}] \\
&= [x_{jk}(-tu^{-1}), x_{ki}(u^{-1})] \\
&= x_{ji}(-tu^{-2})
\end{aligned}
$$

を得る. (7) も同様.

(8) 補題 6.42 を用いて以下のように式変形すればよい.

$$
\begin{aligned}
w_{ij}(u) &= w_{ij}(u)w_{ij}(u)w_{ij}(u)^{-1} \\
&= w_{ij}(u)x_{ij}(u)x_{ji}(-u^{-1})x_{ij}(u)w_{ij}(u)^{-1} \\
&= x_{ji}(-u^{-1})x_{ij}(u)x_{ji}(-u^{-1}) = w_{ji}(-u^{-1}).
\end{aligned}
$$

□

補題 6.43 $n \geq 3$ とする. $\mathrm{Ker}(\varphi|_{W_n})$ は $\mathrm{St}(n, R)$ の中心に含まれる.

証明. 任意の $w \in \mathrm{Ker}(\varphi|_{W_n})$ とする．任意の $x_{ij}(t)$ に対して，補題 6.42 の (2)〜(7) により，

$$wx_{ij}(t)w^{-1} = x_{kl}(u), \quad u \in R$$

と書ける．この式の両辺に φ を作用させると，$P_{ij}(t) = P_{kl}(u)$ となるので，$(k,l) = (i,j)$, $u = t$ である．ゆえに，w は $\mathrm{St}(n,R)$ の任意の生成元と可換である．□

命題 6.44 $w \in W_n$ に対して，$\varphi(w)$ を置換行列 × 対角行列の形に分解し，$\varphi(w) = PD$,

$$P = (\boldsymbol{e}_{\pi(1)} \cdots \boldsymbol{e}_{\pi(n)}), \quad D = \mathrm{diag}(v_1, \ldots, v_n)$$

とする．このとき，以下が成り立つ．

(1) $wx_{ij}(t)w^{-1} = x_{\pi(i)\pi(j)}(v_i t v_j^{-1})$
(2) $ww_{ij}(t)w^{-1} = w_{\pi(i)\pi(j)}(v_i t v_j^{-1})$
(3) $wh_{ij}(t)w^{-1} = h_{\pi(i)\pi(j)}(v_i t v_j^{-1})h_{\pi(i)\pi(j)}(v_i v_j^{-1})^{-1}$

証明. (1) 補題 6.42 の (2)〜(7) により，$wx_{ij}(t)w^{-1}$ は $x_{i'j'}(s)$ という形をしていることが分かる．一方，一般に $PDP_{ij}(t)D^{-1}P^{-1} = P_{\pi(i)\pi(j)}(v_i t v_j^{-1})$ であるから，

$$P_{i'j'}(s) = \varphi(wx_{ij}(t)w^{-1}) = P_{\pi(i)\pi(j)}(v_i t v_j^{-1})$$

となり，$(i', j') = (\pi(i), \pi(j))$ かつ，$s = v_i t v_j^{-1}$ を得る．(2), (3) は (1) の結果より直ちに得られる．□

補題 6.45 任意の $u, v \in R^{\times}$ に対して，

(1) $[h_{12}(u), h_{13}(v)] = h_{13}(uv)h_{13}(u)^{-1}h_{13}(v)^{-1}$.
(2) 任意の相異なる $1 \leq i, j, k \leq n$ に対して，$[h_{ij}(u), h_{ik}(v)] \in Z(\mathrm{St}(n,R))$ であり，$[h_{ij}(u), h_{ik}(v)] = [h_{12}(u), h_{13}(v)]$.

証明. (1) $w = h_{12}(u)$ とおくと，$\varphi(w) = \mathrm{diag}(u, u^{-1}, 1, \ldots, 1)$ であるので，命題 6.44

$$\begin{aligned} wh_{13}(v)w^{-1} &= w(w_{13}(v)w_{13}(-1))w^{-1} \\ &= w_{13}(uv)w_{13}(-u) = h_{13}(uv)h_{13}(u)^{-1} \end{aligned}$$

となる．この両辺に右から $h_{13}(v)^{-1}$ をかければ求める式を得る．

(2) $\varphi([h_{ij}(u), h_{ik}(v)]) = [\varphi(h_{ij}(u)), \varphi(h_{ik}(v))] = E_n$ であるから，$[h_{ij}(u), h_{ik}(v)] \in \mathrm{Ker}(\varphi) \cap W_n$ である．したがって，補題 6.43 より (2) の前半が示される．

一方，$[h_{ij}(u), h_{ik}(v)]$ において，$i \neq 1$ であれば，$w_{i1}(1)$ による共役をとることで

$$\begin{aligned}[h_{ij}(u), h_{ik}(v)] &= w_{i1}(1)[h_{ij}(u), h_{ik}(v)]w_{i1}(1)^{-1} \\ &\overset{\text{命題 6.44}}{=} [h_{1j'}(u), h_{1k'}(v)]\end{aligned}$$

となる．次に，$j' \neq 2$ であれば，$w_{j'2}(1)$ との共役を考えて $[h_{12}(u), h_{1k''}(v)]$ と変形し，さらに $k'' \neq 3$ であれば，$w_{k''3}(1)$ との共役を考えればよい．□

さて，任意の $u, v \in R^\times$ に対して，

$$\{u, v\} := [h_{12}(u), h_{13}(v)]$$

とおく．この元が φ の核を記述するために重要な役割を果たす．まずは基本的な性質に関していくつかの補題を準備する．

補題 6.46 任意の $u, v \in R^\times$ に対して，

(1) $\{u, v\} = \{v, u\}^{-1}$
(2) $\{u_1u_2, v\} = \{u_1, v\}\{u_2, v\}$

証明． (1) は交換子の性質 $[x, y] = [y, x]^{-1}$ から明らか．

(2) は $h_{13}(u_1u_2) = [h_{12}(u_1), h_{13}(u_2)]h_{13}(u_2)h_{13}(u_1)$ と，$[h_{12}(u), h_{13}(v)] \in Z(\mathrm{St}(n, R))$ および，交換子の性質 $[xy, z] = [x, [y, z]][y, z][x, z]$ より従う．□

補題 6.47 (1) $u, 1-u \in R^\times$ のとき，$\{u, 1-u\} = 1$．

(2) 任意の $u \in R^\times$ に対して，$\{u, -u\} = 1$．

証明． $v = 1-u$ または $v = -u$ とするとき，どちらの場合も

$$h_{12}(u)h_{12}(v) = h_{12}(uv)$$

を示せばよい．特に，$h_{12}(u) = w_{12}(u)w_{12}(-1)$ を代入することで，

$$w_{12}(u)w_{12}(-1)w_{12}(v) = w_{12}(uv)$$

を示せばよいことが分かる．

(1) $v = 1 - u$ のとき，

$$\begin{aligned}
w_{12}(u)\underline{w_{12}(-1)}w_{12}(v) &= w_{12}(u)\underline{w_{21}(1)}w_{12}(v) \\
&= \underline{w_{12}(u)x_{21}(1)w_{12}(u)^{-1}}w_{12}(u)x_{12}(-1)w_{12}(v) \\
&\quad \underline{w_{12}(v)^{-1}x_{21}(1)w_{12}(v)} \\
&\overset{\text{命題 6.44}}{=} \underline{x_{12}(-u^2)}\ \underline{w_{12}(u)x_{12}(-1)w_{12}(v)}\ \underline{x_{12}(-v^2)} \\
&= x_{12}(-u^2)\underline{x_{12}(u)x_{21}(-u^{-1})x_{12}(u)x_{12}(-1)} \\
&\quad \underline{x_{12}(v)x_{21}(-v^{-1})x_{12}(v)}x_{12}(-v^2) \\
&= x_{12}(uv)x_{21}(-u^{-1})x_{21}(-v^{-1})x_{12}(uv) \\
&= x_{12}(uv)x_{21}(-(uv)^{-1})x_{12}(uv) = w_{12}(uv)
\end{aligned}$$

となる．ここで，上式 4 行目から 5 行目への変形には，

$$-u^2 + u = uv,\ u - 1 + v = 0,\ v - v^2 = uv$$

を，5 行目から 6 行目への変形には $-u^{-1} - v^{-1} = -(uv)^{-1}$ をそれぞれ用いた．

(2) $v = -u$ のとき

$$\begin{aligned}
w_{12}(u)w_{12}(-1)w_{12}(-u) &= w_{12}(u)w_{12}(-1)w_{12}(u)^{-1} \\
&\overset{\text{命題 6.44}}{=} w_{21}(u^{-2}) = w_{12}(-u^2)
\end{aligned}$$

となる．□

補題 6.48 $n \geq 3$ とする．

(1) 任意の相異なる j, k に対して，$h_{jk}(t)h_{kj}(t) = 1$.

(2) 任意の $h_{ij}(t)$ は $h_{1l}(u)$ なる形の元の積として表せる．

(3) 任意の相異なる i, j, k に対して，$h_{ij}(t)^{-1}h_{jk}(t)^{-1}h_{ki}(t)^{-1} = 1$.

証明. (1) $n \geq 3$ より，$i \neq j, k$ なる i がとれる．すると，命題 6.44 より，

$$\underline{h_{ik}(u)w_{jk}(1)h_{ik}(u)^{-1}}w_{jk}(-1) = \underline{w_{jk}(u)}w_{jk}(-1) = h_{jk}(u),$$
$$h_{ik}(u)\underline{w_{jk}(1)h_{ik}(u)^{-1}w_{jk}(-1)} = h_{ik}(u)\underline{h_{ij}(u)^{-1}}$$

を得る．よって，$h_{jk}(u) = h_{ik}(u)h_{ij}(u)^{-1}$ となり，

$$h_{jk}(u)h_{kj}(u) = h_{ik}(u)h_{ij}(u)^{-1}h_{ij}(u)h_{ik}(u)^{-1} = 1$$

となる．

(2) $j, k \neq 1$ のとき，$h_{jk}(u) = h_{1k}(u)h_{1j}(u)^{-1}$ であり，$k = 1$ のとき，$h_{j1}(u) = h_{1j}(u)^{-1}$ であることから直ちに従う．

(3) $h_{jk}(u) = h_{ik}(u)h_{ij}(u)^{-1}$ において，$h_{ki}(u) = h_{ik}(u)^{-1}$ を代入すればよい．□

定理 6.49 $W_n \cap \mathrm{Ker}(\varphi)$ は $\{u, v\}$ たちで生成される．

証明. まず，$H_n := \langle h_{ij}(u) \mid i \neq j, u \in R \rangle$ とおき，$W_n \cap \mathrm{Ker}(\varphi) \subset H_n$ を示す．任意の $u \in R^{\times}$ に対して，$w_{ij}(u) \equiv w_{ij}(1) \pmod{H_n}$ である．そこで，$w_{ij}(1)$ の属する H_n 剰余類を w_{ij} とおくと，補題 6.42 の (8) より，$w_{ij} \equiv w_{ji} \pmod{H_n}$ である．

さて，任意の $c \in W_n \cap \mathrm{Ker}(\varphi)$ に対して，$c \equiv w_{i_1j_1}w_{i_2j_2}\cdots w_{i_kj_k} \pmod{H_n}$ とおく．命題 6.44 より導かれる式

$$w_{ij}w_{1l} \equiv w_{\pi(1)\pi(l)}w_{ij} \pmod{H_n}$$

を用いて w_{1l} なる形の元をすべて $c \pmod{H_n}$ の左端に寄せる．さらに，

$$w_{1l}^2 \equiv 1, \quad w_{1j}w_{1l} \equiv w_{1l}w_{lj}\ (j \neq l) \pmod{H_n}$$

を用いると，$c \pmod{H_n}$ の左端には高々一つの w_{1l} が現れていることが分かる．ところが，w_{1l} なる元がただ一つ現れるようなことはない．実際，もしそうだとすると，$\varphi(c) = PD$（P は置換行列，D は対角行列）と表すとき，P が定める置換は 1 を固定しない．これは $c \in \mathrm{Ker}(\varphi)$ に反する．次に，w_{2l} なる形の元に対して同様の操

作を行い，以下これを繰り返すと，最終的に $c \equiv 1 \pmod{H_n}$．すなわち $c \in H_n$ であることが分かる．つまり，c は $h_{1l}(u)$ たちの積で書ける．

そこで，$C_n := \langle \{u, v\} \mid u, v \in R^\times \rangle$ とおく．$C_n \subset W_n \cap \mathrm{Ker}(\varphi)$ は明らか．逆に，任意の $c \in W_n \cap \mathrm{Ker}(\varphi)$ をとる．このとき，

$$h_{1l}(uv) \equiv h_{1l}(u)h_{1l}(v), \quad h_{1j}(u)h_{1l}(v) \equiv h_{1l}(v)h_{1j}(u) \pmod{C_n}$$

であるから，c は

$$c \equiv h_{12}(u_2)h_{13}(u_3)\cdots h_{1n}(u_n) \pmod{C_n}$$

という形に表せる．すると，

$$\varphi(c) = \mathrm{diag}(u_2 \cdots u_n, u_2^{-1}, u_3^{-1}, \ldots, u_n^{-1})$$

となる．ところが，$c \in \mathrm{Ker}(\varphi)$ ゆえ，$u_2 = u_3 = \cdots = u_n = 1$ であり，$c \in C_n$ を得る．□

6.3.3 SL$(n, \mathbb{Z})$, GL$(n, \mathbb{Z})$

さて，いよいよ $\mathrm{SL}(n, \mathbb{Z})$ の表示を与えよう．$\mathrm{SL}(n, \mathbb{Z})$ の標準形を与えるために，$\mathbb{Z}^n$ のノルムという概念を定義する．今，$\mathbb{Z}^n$ を n 列の行ベクトル全体のなす加群

$$\mathbb{Z}^n := \{(a_1, \ldots, a_n) \mid q_i \in \mathbb{Z}\}$$

とみなすと，行列の積を考えることで $\mathrm{SL}(n, \mathbb{Z})$ が $\mathbb{Z}^n$ に右から自然に作用する．さらに，$\mathrm{St}(n, \mathbb{Z})$ は，準同型写像 $\varphi : \mathrm{St}(n, \mathbb{Z}) \to \mathrm{SL}(n, \mathbb{Z})$ を通して，右から $\mathbb{Z}^n$ に作用する．各 $\boldsymbol{a} = (a_1, \ldots, a_n) \in \mathbb{Z}^n$ に対して，

$$\|\boldsymbol{a}\| := |a_1| + |a_2| + \cdots + |a_n|$$

を $\boldsymbol{a}$ の**ノルム** (norm) という．$\boldsymbol{e}_1, \ldots, \boldsymbol{e}_n$ を $\mathbb{Z}^n$ の基本ベクトルとすれば，$\|\boldsymbol{e}_i\| = 1$ である．

一方，$\mathbb{Z}^\times = \{\pm 1\}$ であるから，$\mathrm{St}(n, \mathbb{Z})$ において，$x_{ij}(t) = x_{ij}(1)^t$ であり，$W_n = \langle w_{ij}(1) \mid i \neq j \rangle$ である．以下，簡単のため $x_{ij} := x_{ij}(1)$，$w_{ij} := w_{ij}(1)$ と略記する．任意の $\boldsymbol{a} \in \mathbb{Z}^n$ に対して，$\|\boldsymbol{a} w_{ij}\| = \|\boldsymbol{a}\|$ である．

命題 6.50 $n \geq 2$ に対して，$\beta \in \mathbb{Z}^n$ を基本ベクトルとする．このとき，$\mathrm{St}(n, \mathbb{Z})$ の各元 σ は，

$$\|\beta g_1\| \leq \|\beta g_1 g_2\| \leq \cdots \leq \|\beta g_1 g_2 \cdots g_r\|$$

を満たすある $g_1, \ldots, g_r \in \{x_{ij}^{\pm 1} \mid i \neq j\}$ が存在して，

$$\sigma = g_1 g_2 \cdots g_r w, \quad w \in W_n$$

なる形に表せる．

証明．各 $1 \leq i \leq r$ に対して，$k_i := \|\beta g_1 \cdots g_i\|$ とおく．今，列 $g_1, g_2, \ldots, g_r$ に対して，自然数の組 (l, m) を以下のようにして対応させる．まず，$1 \leq k_1 \leq \cdots \leq k_r$ となっていた場合は，$(l, m) = (1, 1)$ と定める．そうでなければ，ある $1 \leq i \leq r-1$ で，$k_i > k_{i+1}$ となるものが存在する．そこで，

$$l := \max\{k_i \mid k_i > k_{i+1}\}$$

とき，

$$m := \max\{1 \leq i \leq r-1 \mid l = k_i > k_{i+1}\}$$

とおく．また，自然数の組 (l, m) たちは，通常の辞書式順序によって順序づけられているとする．すなわち，

$$(l, m) \leq (l', m') \iff \text{“}l < l'\text{” または “}l = l' \text{ かつ } m \leq m'\text{”}$$

なる順序が入っているものとする．以下，$(l, m) = (1, 1)$ でなければ，関係式を用いて g_i たちの列を適宜取り替えることによって，(l, m) が真に小さくなることを示す．これが示されれば，この操作を有限回行うことで，題意の形の積にたどり着くことが示せる．

そこで，$(l, m) > (1, 1)$ とする．このとき，$l = k_m > k_{m+1}$ $(m \geq 1)$ である．さらに，$k_{m-1} \leq k_m$ である[111]．ここで，議論を簡単にするために，$g_m = x_{12}$ である場合を考える．他の場合も同様である[112]．

$$\beta g_1 g_2 \cdots g_m = (a, b, c, \ldots) \in \mathbb{Z}^n$$

とおくと，

111) もし $k_{m-1} > k_m$ であれば，$k_{m-1} > l$ となり，l の最大性に反する．

112) 実際，$g_m = x_{ij}$ なるときは，単に，添え字を $(1, 2)$ から (i, j) に置き換えたものを考えればよい．また，$g_m = x_{ij}^{-1}$ のときは，$\beta\sigma = \beta w_{ij}^{-1}(w_{ij} g_1 w_{ij}^{-1}) \cdots (w_{ij} g_r w_{ij}^{-1}) \cdot w_{ij} w$ に注意して，β, w, g_m をそれぞれ βw_{ij}^{-1}, $w_{ij} w$, x_{ji} に置き換えたものを考えることで，前者の場合に帰着できる．

$$\beta g_1 g_2 \cdots g_{m-1} = (a, b+a, c, \ldots)$$

である．今，$k_{m-1} \leq k_m$ であるから，$|b-a| \leq |b|$ である．これは，

$$\begin{cases} b \geq 0 \text{ のとき，} 0 \leq a \leq 2b \\ b < 0 \text{ のとき，} 2b \leq a \leq 0 \end{cases}$$

と同値であり，よって，

$$|a| \leq 2|b| \text{ かつ，} a \neq 0 \text{ のとき } ab > 0 \tag{6.23}$$

と同値である．以下，g_{m+1} の形によって 6 通りの場合に分ける．最初の 3 つは $[g_m, g_{m+1}] = 1$ の場合である．

Case 1. $g_{m+1} = x_{1j}^{\pm 1}$ $(j \geq 3)$，または，$g_{m+1} = x_{ij}^{\pm 1}$ $(i, j \geq 3)$ のとき．

$g_{m+1} = x_{13}^e$ $(e = \pm 1)$ の場合を考える．ほかの場合も同様である．このとき，

$$g_{m+1} : (a, b, c, \ldots) \mapsto (a, b, ea + c, \ldots)$$

となっており，$|c| > |ea + c|$ である．そこで，g_m, g_{m+1} の部分を g_{m+1}, g_m に置き換えると，

$$(a, b-a, c, \ldots) \xrightarrow{g_m} (a, b, c, \ldots) \xrightarrow{g_{m+1}} (a, b, ea + c, \ldots)$$

が

$$(a, b-a, c, \ldots) \xrightarrow{g_{m+1}} (a, b-a, ea + c, \ldots) \xrightarrow{g_m} (a, b, ea + c, \ldots)$$

に変わる．このとき，k_i たちの値は $i = m$ 以外では不変であり，k_m が k'_m に変わったとすると，

$$k_m = |a| + |b| + |c| + \cdots > |a| + |b-a| + |ea + c| + \cdots = k'_m$$

となる．ゆえに，新しい列に対応する自然数の組を (l', m') とすると，$(l', m') < (l, m)$ となる．

Case 2. $g_{m+1} = g_m^e = x_{12}^e$ のとき．

$e = -1$ のときは，$g_m g_{m+1} = 1$ であるから，g_m, g_{m+1} を元の

列から取り除いてしまえば，(l, m) の値を真に小さくできる．一方，$e=1$ となることはない．実際，$g_{m+1}=x_{12}$ とすると，

$$(a, b, c, \ldots) \xrightarrow{g_{m+1}} (a, b+a, c, \ldots)$$

となり，k_i たちの条件から，

$$|b-a| \leq |b| > |b+a|$$

とならなければならないが，これは不可能である．

Case 3. $g_{m+1}=x_{i2}^{e}\ (i \geq 3)$ の場合．

$g_{m+1}=x_{32}^{e}\ (e=\pm 1)$ の場合を考える．ほかの場合も同様である．このとき，

$$x_{12}x_{32}^{e}=x_{32}^{e}x_{12},\quad x_{13}^{e}x_{32}^{e}x_{13}^{-e},\quad x_{31}^{e}x_{12}x_{31}^{-e}$$

と書ける．よって，このような置き換えを考えると，

$$(a, b-a, c, \ldots) \xrightarrow{g_{m}} (a, b, c, \ldots) \xrightarrow{g_{m+1}} (a, b+ec, c, \ldots)$$

はそれぞれ

$$(a, b-a, c, \ldots) \xrightarrow{x_{32}^{e}} (a, b-a+ec, c, \ldots) \xrightarrow{x_{12}} (a, b+ec, c, \ldots),$$

$$(a, b-a, c, \ldots) \xrightarrow{x_{13}^{e}} (a, b-a, c+ea, \ldots) \xrightarrow{x_{32}^{e}} (a, b+ec, c+ea, \ldots) \xrightarrow{x_{13}^{-e}} (a, b+ec, c, \ldots),$$

$$(a, b-a, c, \ldots) \xrightarrow{x_{31}^{e}} (a+ec, b-a, c, \ldots) \xrightarrow{x_{12}} (a+ec, b+ec, c, \ldots) \xrightarrow{x_{31}^{-e}} (a, b+ec, c, \ldots)$$

に置き換わる．今，$g_m > g_{m+1}$ であるから，$|b| > |b+ec|$ が成り立つ．したがって，

(1) $|b-a| > |b-a+ec|$
(2) $|c| > |c+ea|$
(3) $|a| > |a+ec|$

のいずれかが成り立てば，対応するこれらの置換えを行うことで (l, m) を真に小さくできる．$|b| > |b+ec|$ より，b と ec は異符号で

ある．したがって，$a=0$ のときは (1) が成り立つ．一方，$a \neq 0$ であれば，(6.23) より，a と ec が異符号である．よって，(2) か (3) のいずれかが成り立つ．

Case 4. $g_{m+1} = x_{21}^e$ の場合．

このときは，

$$(a, b-a, \ldots) \xrightarrow{g_m} (a, b, \ldots) \xrightarrow{g_{m+1}} (a+eb, b, \ldots)$$

となっており，$|a| > |a+eb|$ である．もし，$e=1$ とすると，a と b は異符号でなければならないが，これは (6.23) に矛盾．よって，$e=-1$．すると，列 $g_m = x_{12}, x_{21}^{-1}, g_{m+2}, \ldots, g_r$ を

$$g_m = x_{21}, w_{21}^{-1} g_{m+2} w_{21}, \ldots, w_{21}^{-1} g_r w_{21}$$

に置き換える[113]と，ノルムの大きさが変わるのは x_{21} を作用させたところだけであり，

$$(a, b-a, \ldots) \xrightarrow{x_{21}} (b, b-a, \ldots)$$

となっている．したがって，このように置き換えた列に対応する自然数の組は，元のものに比べて真に小さくなっている．

113) このとき，w は $w_{12}^{-1} w$ に置き換わることに注意せよ．

Case 5. $g_{m+1} = x_{2j}^e$ $(j \geq 3)$ の場合．

$g_{m+1} = x_{23}^e$ $(e = \pm 1)$ の場合を考える．ほかの場合も同様である．このとき，

$$x_{12} x_{23}^e = x_{13}^e x_{23}^e x_{12}, \quad x_{23}^e x_{13}^e x_{12}, \quad x_{21} x_{13}^e x_{12}^{-1} w_{12}$$

と書ける．各々に応じて，列 $g_m, g_{m+1}, \ldots, g_r$ を置き換える[114]と，

$$(a, b-a, c, \ldots) \xrightarrow{g_m} (a, b, c, \ldots) \xrightarrow{g_{m+1}} (a, b, c+eb, \ldots)$$

はそれぞれ

$$(a, b-a, c, \ldots) \xrightarrow{x_{13}^e} (a, b-a, c+ea, \ldots) \xrightarrow{x_{23}^e} (a, b-a, c+eb, \ldots)$$
$$\xrightarrow{x_{12}} (a, b, c+eb, \ldots),$$
$$(a, b-a, c, \ldots) \xrightarrow{x_{23}^e} (a, b-a, c+eb-ea, \ldots) \xrightarrow{x_{13}^e} (a, b-a, c+eb, \ldots)$$
$$\xrightarrow{x_{12}} (a, b, c+eb, \ldots),$$

114) 最後の場合は，x_{21}, $x_{13}^e, x_{12}^{-1}, w_{12} g_{m+2} w_{12}^{-1}, \ldots, w_{12} g_r w_{12}^{-1}$ に置き換える．

$$(a, b-a, c, \ldots) \xrightarrow{x_{21}} (b, b-a, c, \ldots) \xrightarrow{x_{13}^e} (b, b-a, c+eb, \ldots)$$
$$\xrightarrow{x_{12}^{-1}} (b, -a, c+eb, \ldots)$$

に置き換わる．今，$|b-a| \leq |b|$ であり，$k_m > k_{m+1}$ より，$|c| > |c+eb|$ であるから，

(1) $|c| > |c+ea|$
(2) $|c| > |c+eb-ea|$
(3) $|a| > |b|$

のいずれかが成り立てば，対応するこれらの置換えを行うことで (l, m) を真に小さくできる．$|c| > |c+eb|$ より，c と eb は異符号である．また，(6.23) と同様の議論から $|b| < 2|c|$ である．よって，$a = 0$ のとき，(2) が成り立つ．$a \neq 0$ のときは，$ab > 0$ であるから c と ea は異符号．このとき，$|a| < 2|c|$ であれば (1) が，$|a| \geq 2|c|$ であれば (3) が成り立つ．

Case 6. $g_{m+1} = x_{i1}^e$ $(i \geq 3)$ の場合．

$g_{m+1} = x_{31}^e$ $(e = \pm 1)$ の場合を考える．ほかの場合も同様である．このとき，

$$x_{12}x_{31}^e = x_{31}^e x_{12} x_{32}^{-e}, \quad x_{31}^e x_{13}^{-e} x_{32}^{-e} x_{13}^e,$$

と書ける．よって，このような置換えを考えると，

$$(a, b-a, c, \ldots) \xrightarrow{g_m} (a, b, c, \ldots) \xrightarrow{g_{m+1}} (a+ec, b, c, \ldots)$$

はそれぞれ

$$(a, b-a, c, \ldots) \xrightarrow{x_{31}^e} (a+ec, b-a, c, \ldots) \xrightarrow{x_{12}} (a+ec, b+ec, c, \ldots)$$
$$\xrightarrow{x_{32}^{-e}} (a+ec, b, c, \ldots),$$
$$(a, b-a, c, \ldots) \xrightarrow{x_{31}^e} (a+ec, b-a, c, \ldots) \xrightarrow{x_{13}^{-e}} (a+ec, b-a, -ea, \ldots)$$
$$\xrightarrow{x_{32}^{-e}} (a+ec, b, -ea, \ldots) \xrightarrow{x_{13}^e} (a+ec, b, c, \ldots)$$

に置き換わる．今，$k_m > k_{m+1}$ より，$|a| > |a+ec|$ であるから，

(1) $|b+ec| \leq |b|$

(2) $|c| \geq |a|$

のいずれかが成り立てば，対応するこれらの置換えを行うことで (l, m) を真に小さくできる．$a = 0$ のときは明らかに (2) が成り立つ．$a \neq 0$ とする．$|a| > |a + ec|$ より，a と ec は異符号であり，(6.23) より b と ec は異符号である．よって，$|c| \leq 2|b|$ であれば (1) が成り立つ．一方，$|c| > 2|b|$ であれば，$|c| - |a| \geq |c| - 2|b| > 0$ となり，(2) が成り立つ．以上より，命題が示された．□

命題 6.51 $n \geq 2$ に対して，$R = \mathbb{Z}$ のとき，$\mathrm{Ker}(\varphi) \subset W_n$ が成り立つ[115)]．

証明． $\beta := (0, \ldots, 0, 1)$ とする．任意の $\sigma \in \mathrm{Ker}(\varphi)$ に対して，命題 6.50 より，$\sigma = g_1 g_2 \cdots g_r w$ で，

$$1 \leq \|\beta g_1\| \leq \|\beta g_1 g_2\| \leq \cdots \leq \|\beta g_1 g_2 \cdots g_r\| = \|\beta g_1 g_2 \cdots g_r w\| = \|\beta\| = 1$$

を満たすような $g_1, g_2, \ldots, g_r, w$ がとれる．すると，$\|\beta g_1\| = 1$ より，g_1 は β を固定しなければならない．同様に，$g_2, g_3, \ldots, g_r$ についてもそれぞれ β を固定する．ゆえに，g_i たちには $x_{nj}^{\pm 1}$ なる形の元は現れない．一方，g_i たちの中に $x_{in}^{\pm 1}$ なる形の元は現れるかもしれないが，$x_{nj}^{\pm 1}$ なる形の元が現れないので，関係式を用いて $x_{in}^{\pm 1}$ たちを左端に寄せ集めることができる．そこで，それらの積を x とおくと，

$$\sigma = x\iota(y)w$$

と書ける．ここで，$y \in \mathrm{St}(n-1, \mathbb{Z})$ であり，$\iota : \mathrm{St}(n-1, \mathbb{Z}) \to \mathrm{St}(n, \mathbb{Z})$ は，$x_{ij} \in \mathrm{St}(n-1, \mathbb{Z})$ を $x_{ij} \in \mathrm{St}(n, \mathbb{Z})$ に対応させることで定まる自然な写像である．ただし，$n = 2$ の場合，$\mathrm{St}(n-1, \mathbb{Z})$ は自明な群とみなす．

さて，今

$$\varphi(x) = \begin{pmatrix} E_{n-1} & * \\ O & 1 \end{pmatrix}, \quad \varphi(\iota(y)w) = \begin{pmatrix} * & O \\ O & 1 \end{pmatrix}$$

となっており，これらの積が E_n にならなければならないので各々が E_n に等しいことが分かる．さらに，x は $\mathrm{St}(n, \mathbb{Z})$ において，

115) 実際には，$\mathrm{Ker}(\varphi)$ は $\{-1, -1\}$ によって生成される，位数 2 の巡回群になることが知られている．この証明には幾何学の深い結果を用いる．詳細は[28] を参照されたい．

$x = x_{1n}^{e_1} x_{2n}^{e_2} \cdots x_{n-1n}^{e_{n-1}}$ と表せるので，$\varphi(x) = 1$ より，$e_2 = e_3 = \cdots = e_n = 0$ となり，$x = 1$ であることが分かる．

次に，w は β を固定するので，

$$\varphi(w) = \begin{pmatrix} * & O \\ O & 1 \end{pmatrix}$$

となっている．ゆえに，ある $w' \in W_{n-1}$ が存在して $\varphi(w'w) = E_n$ となり，したがって，

$$w = (w')^{-1}c, \quad c \in W_n \cap \mathrm{Ker}(\varphi)$$

と書ける．すなわち，$\sigma = \iota(y(w')^{-1})c$ となる．このとき，$y(w')^{-1} \in \mathrm{Ker}(\mathrm{St}(n-1, \mathbb{Z}) \to \mathrm{SL}(n-1, \mathbb{Z}))$ である．

今，$n = 2$ の場合を考えると，$\sigma = c \in W_2$ である．よって，$n \geq 3$ のときは，帰納法の仮定を用いることで $y(w')^{-1} \in W_{n-1}$ であることが分かり，$\iota(y(w')^{-1}) \in W_n$ である．よって，$\sigma \in W_n$ となり帰納法が進む．□

定理 6.52 $n \geq 3$ に対して，$\mathrm{SL}(n, \mathbb{Z})$ は生成元 x_{ij} $(1 \leq i \neq j \leq n)$ および，関係式

$$[x_{ij}, x_{jk}] = x_{ik} \ (i \neq k),\ [x_{ij}, x_{kl}] = 1 \ (i \neq l,\ j \neq k),$$
$$(x_{12} x_{21}^{-1} x_{12})^4 = 1$$

から成る表示を持つ．ここで，x_{ij} は $P_{ij}(1)$ に対応している．

証明． 命題 6.51 より，$\mathrm{SL}(n, \mathbb{Z})$ の表示は，$\mathrm{St}(n, \mathbb{Z})$ の表示 (6.22) の関係式のところに，$\{-1, -1\} = (x_{12}(1) x_{21}(-1) x_{12}(1))^4$ を付け足したものである．まず，任意の $t \in \mathbb{Z}$ に対して，$x_{ij}(t) = x_{ij}(1)^t$ であるから，この式を関係式に加え，$t \neq 1$ なる t に対する生成元 $x_{ij}(t)$ を消去する．さらに，$x_{ij}(1)$ を x_{ij} と書きなおす．

ここで関係式

$$[x_{ij}^t, x_{jk}^u] = x_{ik}^{tu} \ (i \neq k), \quad [x_{ij}^t, x_{kl}^u] = 1 \ (i \neq l,\ j \neq k)$$

について考える．明らかに，後者は $(t, u) = (1, 1)$ のときの関係式 $[x_{ij}, x_{kl}] = 1$ から得られるので，$(t, u) = (1, 1)$ 以外のものを消去

してよい．次に前者について考えよう．$t=0$ または $u=0$ のときは自明な関係式なので，$t,u\neq 0$ としてよい．今，$t<0$ とする．このとき，上式後者の関係式を適宜用いることで，

$$
\begin{aligned}
&[x_{ij}^{-t}, x_{jk}^{u}] = x_{ik}^{-tu}\\
&\qquad\Longleftrightarrow x_{ij}^{-t}[x_{jk}^{u}, x_{ij}^{t}]x_{ij}^{t} = x_{ik}^{-tu}\\
&\qquad\Longleftrightarrow x_{ij}^{-t}[x_{ij}^{t}, x_{jk}^{u}]x_{ij}^{t} = x_{ik}^{tu}\ \text{（両辺の逆元をとった．）}\\
&\qquad\Longleftrightarrow [x_{ij}^{t}, x_{jk}^{u}] = x_{ik}^{tu}\ \text{（両辺を } x_{ij}^{t} \text{ で共役をとった．）}
\end{aligned}
$$

となる．すなわち，$t<0$ の場合の関係式は $t>0$ の場合の関係式から得られる．これは u についても同様である．ゆえに，初めから $t,u>0$ 以外の関係式を消去してよい．

一方，

$$
[x_{ij}, x_{jk}] = x_{ik} \quad\Longleftrightarrow\quad x_{ij}x_{jk} = x_{ik}x_{jk}x_{ij}
$$

に注意すると，

$$
\begin{aligned}
[x_{ij}^{t}, x_{jk}^{u}] &= x_{ij}^{t}x_{jk}^{u}x_{ij}^{-t}x_{jk}^{-u} = x_{ij}^{t-1}\underline{x_{ij}x_{jk}}x_{jk}^{u-1}x_{ij}^{-t}x_{jk}^{-u}\\
&= x_{ij}^{t-1}\underline{x_{ik}x_{jk}x_{ij}}x_{jk}^{u-1}x_{ij}^{-t}x_{jk}^{-u}\\
&= \cdots = x_{ij}^{t-1}x_{ik}^{u}x_{jk}^{u}x_{ij}^{-(t-1)}x_{jk}^{-u} = \cdots = x_{ik}^{tu}
\end{aligned}
$$

となり，$(t,u)=(1,1)$ のときの関係式からすべての関係式が得られることが分かる．これより求める結果を得る．□

この定理の系として以下の定理を得る．

定理 6.53 $n\geq 3$ に対して，$\mathrm{GL}(n,\mathbb{Z})$ は生成元 x_{ij} $(1\leq i\neq j\leq n)$，S および，関係式

$$
\begin{aligned}
&[x_{ij}, x_{jk}] = x_{ik}\ (i\neq k),\ [x_{ij}, x_{kl}] = 1\ (i\neq l,\ j\neq k),\\
&(x_{12}x_{21}^{-1}x_{12})^4 = 1,\ S^2 = 1,\ S^{-1}x_{ij}S = x_{ij}\ (i,j\neq 1),\\
&S^{-1}x_{ij}S = x_{ij}^{-1}\ (i=1 \text{ または } j=1)
\end{aligned}
$$

から成る表示を持つ．ここで，

$$
x_{ij} = P_{ij}(1),\quad S := \begin{pmatrix} -1 & 0\\ 0 & E_{n-1}\end{pmatrix}.
$$

証明. 補題 6.2 による群の拡大

$$1 \to \mathrm{SL}(n,\mathbb{Z}) \xrightarrow{i} \mathrm{GL}(n,\mathbb{Z}) \xrightarrow{\det} \{\pm 1\} \to 1$$

を用いて，定理 6.22 とまったく同様にして示される．□

6.3.4 その他の群

この項では，紙数の都合上，本文では取り上げることができなかった線型群とその表示について，簡単に結果と参考文献を挙げる．ここで取り上げることができないような群でも興味深い群はたくさんある．意欲の高い読者はぜひ自ら文献を調べ挑戦してほしい．

(1) **$\mathbb{Z}/p\mathbb{Z}$ 上の特殊線型群.**
$n \geq 3$ とし，$p > 1$ を素数とする．Christofides[16]，および Steinberg[33] の独立した仕事によって，$\mathrm{SL}(n,\mathbb{Z}/p\mathbb{Z})$ は生成元 x_{ij} $(1 \leq i \neq j \leq n)$ および，関係式

$$[x_{ij}, x_{jk}] = x_{ik} \ (i \neq k),\ [x_{ij}, x_{kl}] = 1 \ (i \neq l,\ j \neq k),$$
$$(x_{12}x_{21}^{-1}x_{12})^4 = 1,\ \ x_{12}^p = 1$$

から成る表示を持つことが知られている．ここで，$x_{ij} = P_{ij}(1)$ である．

(2) **主合同部分群 $\Gamma(n,p)$.**
$n = 2$, $p > 2$ の場合，主合同部分群が自由群になることが Frasch[19] によって知られているが，$n \geq 3$ の場合，$\Gamma(n,p)$ は大変複雑な構造になる．$p = 2$ の場合については，小林竜馬[23]，Fullarton[20] の最近の独立した結果により $\Gamma(n,2)$ の表示が求められている[116]．一方，$p \geq 3$ の場合については，$\Gamma(n,p)$ の表示はよく分かっておらず，生成元を書き下すだけでも大変難しい．小林[23] は，自然な写像 $\mathrm{GL}(n,\mathbb{Z}) \to \mathrm{GL}(n,\mathbb{Z}/2\mathbb{Z})$ の核が次のような表示を持つことを示した．

- 生成元：E_{ij} $(1 \leq i \neq j \leq n)$，F_i $(1 \leq i \leq n)$．ただし，E_{ij} は $P_{ij}(2)$ に，F_i は $P_i(-1)$ に対応している．
- 関係子：
  - F_i^2 $(1 \leq i \leq n)$,

[116] Fullarton[20] には,「Margalit-Putman らも同様の表示を得ていた」とある.

– $(E_{ij}F_i)^2$, $(E_{ij}F_j)^2$, $(F_iF_j)^2$ $(1 \le i,j \le n)$,
– $[E_{ij}, E_{ik}]$, $[E_{ij}, E_{kj}]$, $[E_{ij}, F_k]$, $[E_{ij}, E_{ki}]E_{kj}^2$
$(1 \le i,j,k \le n)$,
– $[E_{ji}F_jE_{ij}F_iE_{ki}^{-1}E_{kj}, E_{ki}F_kE_{ik}F_iE_{ji}^{-1}E_{jk}]$
$(1 \le i < j < k \le n)$,
– $[E_{ij}, E_{kl}]$ $(1 \le i,j,k,l \le n)$.

ここで，i,j,k,l はすべて相異なる添え字である[117]．$\Gamma(n,2)$ はこの群の指数 2 部分群であり，上記の表示とライデマイスター－シュライアーの方法を用いて $\Gamma(n,2)$ の表示が得られる．ここまで読み進めてこられた読者であればよい演習問題であろう[118]．

117) したがって，$n=3$ のとき，最後の関係子は考えない．

118) 問題 6.4 も参照のこと．

(3) 2 次体の整数環上の特殊線型群.
Swan は[34] において，R が虚 2 次体の整数環である場合に $\mathrm{SL}(2,R)$ の表示を求めるアルゴリズムについて研究し，いくつかの具体例を挙げている．たとえば，$R=\mathbb{Z}[\sqrt{-1}]$ の場合は以下のようになる．

定理 6.54 (Swan[34]) $\mathrm{SL}(2,\mathbb{Z}[\sqrt{-1}])$ は生成元 J, T, U, L, A と関係式

$$TU=UT,\ J^2=1,\ [J,T]=[J,U]=[J,L]=[J,A]=1,$$
$$L^2=J,\ (TL)^2=J,\ (UL)^2=J,\ (AL)^2=J,\ A^2=J,$$
$$(TA)^3=J,\ (UAL)^3=J,$$

から成る表示をもつ．ここで，

$$J=\begin{pmatrix}-1 & 0\\ 0 & -1\end{pmatrix},\quad T=\begin{pmatrix}1 & 1\\ 0 & 1\end{pmatrix},\quad U=\begin{pmatrix}1 & \sqrt{-1}\\ 0 & 1\end{pmatrix},$$
$$L=\begin{pmatrix}-\sqrt{-1} & 0\\ 0 & \sqrt{-1}\end{pmatrix},\quad A=\begin{pmatrix}0 & -1\\ 1 & 0\end{pmatrix}.$$

6.4 問題

問題 6.1 (1) 写像 $N:\mathbb{Z}[\sqrt{-1}]\to\mathbb{N}\cup\{0\}$ を $\alpha=a+b\sqrt{-1}\in$

$\mathbb{Z}[\sqrt{-1}]$ に対して，$N(\alpha) = \alpha\overline{\alpha} = a^2 + b^2$ によって定める．このとき，以下を示せ．

(i) 任意の $\alpha, \beta \in \mathbb{Z}[\sqrt{-1}]$ に対して，$N(\alpha\beta) = N(\alpha)N(\beta)$.

(ii) $\alpha \in \mathbb{Z}[\sqrt{-1}]$ が単元 $\iff$ $N(\alpha) = 1$.

(2) $\mathbb{Z}[\sqrt{-1}]$ の単元をすべて求めよ．

(3) $\mathbb{Z}[\sqrt{-1}]$ がユークリッド整域であることを示せ．

(4) 以下を示せ．

$$\mathrm{SL}(n, \mathbb{Z}[\sqrt{-1}]) = \langle P_{ij}(1), P_{ij}(\sqrt{-1}) \mid 1 \leq i, j \leq n,\ i \neq j \rangle.$$

解答． (1) (i) 複素共役の性質から明らか．(ii) $\alpha \in \mathbb{Z}[\sqrt{-1}]$ を単元とすると，ある $\beta \in \mathbb{Z}[\sqrt{-1}]$ が存在して $\alpha\beta = 1$ となる．このとき，$N(\alpha)N(\beta) = N(\alpha\beta) = N(1) = 1$ となる．$N(\alpha), N(\beta)$ は非負整数であるから，$N(\alpha) = N(\beta) = 1$ でなければならない．逆に $N(\alpha) = 1$ とすると，$\alpha\overline{\alpha} = 1$ であり，$\overline{\alpha} \in \mathbb{Z}[\sqrt{-1}]$ であるので，α は単元である．

(2) $\alpha = a + b\sqrt{-1}$ とおくとき，$N(\alpha) = 1$ となるのは，$(a, b) = (\pm 1, 0), (0, \pm 1)$ の 4 通りしかない．よって，単元は $\pm 1, \pm\sqrt{-1}$ の四つである．

(3) $\mathbb{Z}[\sqrt{-1}]$ が写像 $N : \mathbb{Z}[\sqrt{-1}] \to \mathbb{N} \cup \{0\}$ によってユークリッド整域になることを示す．そこで，任意の $\alpha, \beta \in \mathbb{Z}[\sqrt{-1}]$ $(\beta \neq 0)$ に対して，

$$\frac{\alpha}{\beta} = \frac{\alpha\overline{\beta}}{\beta\overline{\beta}} = s + t\sqrt{-1}, \quad s, t \in \mathbb{Q}$$

とおく．s, t に一番近い整数を取り，それぞれ $m, n \in \mathbb{Z}$ とする[119]．すると，$|s - m|, |t - n| \leq \frac{1}{2}$ である．そこで，$\gamma := m + n\sqrt{-1} \in \mathbb{Z}[\sqrt{-1}]$ とおくと，

$$\left|\frac{\alpha}{\beta} - \gamma\right|^2 = |s + t\sqrt{-1} - (m + n\sqrt{-1})|^2 = |(s - m) + (t - n)\sqrt{-1}|^2$$

$$= (s - m)^2 + (t - n)^2 \leq \frac{1}{4} + \frac{1}{4} = \frac{1}{2} < 1$$

となるので，$|\frac{\alpha}{\beta} - \gamma| < 1$．この両辺に $|\beta|$ を乗じて $|\alpha - \beta\gamma| < |\beta|$

119) 一意的でないことに注意．

となる．したがって，$\rho := \alpha - \beta\gamma$ とおくと，

$$\alpha = \beta\gamma + \rho, \quad \rho = 0 \text{ または，} 0 < N(\rho) < N(\beta)$$

となり，題意が示される．

(4) 定理 6.7 より，$\mathrm{SL}(n, \mathbb{Z}[\sqrt{-1}])$ は $P_{ij}(c)$ $(c \in \mathbb{Z}[\sqrt{-1}])$ たちで生成される．任意の $c = a + b\sqrt{-1} \in \mathbb{Z}[\sqrt{-1}]$ に対して，$P_{ij}(c) = P_{ij}(1)^a P_{ij}(\sqrt{-1})^b$ であるから，これより求める結果を得る．□

問題 6.2 $n \geq 2$ に対して，$\mathrm{SL}(n, \mathbb{Z})$ のアーベル化を求めよ．

解答． $n = 2$ のとき，定理 6.23 の (2) より，

$$\begin{aligned}
\mathrm{SL}(2, \mathbb{Z})^{\mathrm{ab}} &\cong \langle \sigma, \tau \,|\, \sigma\tau^{-1}\sigma = \tau^{-1}\sigma\tau^{-1}, \quad (\sigma\tau^{-1}\sigma)^4 = 1, \quad [\sigma, \tau] = 1 \rangle \\
&\cong \langle \sigma, \tau \,|\, \sigma = \tau^{-1}, \quad (\sigma\tau^{-1}\sigma)^4 = 1, \quad [\sigma, \tau] = 1 \rangle \\
&\cong \langle \sigma \,|\, \sigma^{12} = 1 \rangle \cong \mathbb{Z}/12\mathbb{Z}.
\end{aligned}$$

一方，$n \geq 3$ のときは，定理 6.52 より，$\mathrm{SL}(n, \mathbb{Z})$ は $P_{ij}(1)$ $(1 \leq i, j \leq n)$ たちで生成される．今，$n \geq 3$ であるから，$k \neq i, j$ なる $1 \leq k \leq n$ が存在する．このとき，$P_{ij}(1) = [P_{ik}(1), P_{kj}(1)]$ である．すなわち，生成元が交換子として表せる．ゆえに，$\mathrm{SL}(n, \mathbb{Z})^{\mathrm{ab}} = \{1\}$ である[120]．□

[120] アーベル化が自明である群を完全群 (perfect group) という．

問題 6.3 $p, q > 1$ を相異なる素数とする．自然数 m，および整数 $a \in \mathbb{Z}$ に対して，$\mathbb{Z}/m\mathbb{Z}$ における a が属する剰余類を $[a]_m$ と表す．写像 $\varphi : \mathbb{Z}/pq\mathbb{Z} \to \mathbb{Z}/p\mathbb{Z} \times \mathbb{Z}/q\mathbb{Z}$ を $[a]_{pq} \mapsto ([a]_p, [q]_q)$ で定める．このとき以下の問いに答えよ．

(1) $\varphi : \mathbb{Z}/pq\mathbb{Z} \to \mathbb{Z}/p\mathbb{Z} \times \mathbb{Z}/q\mathbb{Z}$ は環同型写像であることを示せ．
(2) 任意の $n \geq 2$ に対して，φ は群同型写像 $\mathrm{SL}(n, \mathbb{Z}/pq\mathbb{Z}) \to \mathrm{SL}(n, \mathbb{Z}/p\mathbb{Z}) \times \mathrm{SL}(n, \mathbb{Z}/q\mathbb{Z})$ を誘導することを示せ．
(3) $\Gamma(2, 6)$ は自由群 $\Gamma(2, 3)$ の正規部分群である．$\Gamma(2, 6)$ の $\Gamma(2, 3)$ における指数を求めよ．
(4) 自由群 $\Gamma(2, 6)$ の階数を求めよ．

解答． (1) φ が環準同型写像であることは明らか．そこで，φ が全単

射であることを示す．$\psi([a]_{pq})=0$ とすると，$[a]_p=0$ かつ $[a]_q=0$ となる．p と q は互いに素であるので，$[a]_{pq}=0$ である．つまり φ は単射．一方，任意の $([a]_p,[b]_q)\in\mathbb{Z}/p\mathbb{Z}\times\mathbb{Z}/q\mathbb{Z}$ をとる．p と q は互いに素であるので，ある整数 x,y で，$px+qy=1$ となるものが存在する．このとき，$c=aqy+bpx\in\mathbb{Z}$ とおけば，$[c]_p=[aqy]_p=[a]_p$，$[c]_q=[bpx]_q=[b]_q$ となるので，$\varphi([c]_{pq})=([a]_p,[b]_q)$ となる．つまり，φ は全射．

(2) 写像 $\overline{\varphi}:\mathrm{SL}(n,\mathbb{Z}/pq\mathbb{Z})\to\mathrm{SL}(n,\mathbb{Z}/p\mathbb{Z})\times\mathrm{SL}(n,\mathbb{Z}/q\mathbb{Z})$ を，任意の $A=([a_{ij}]_{pq})\in\mathrm{SL}(n,\mathbb{Z}/pq\mathbb{Z})$ に対して，$\overline{\varphi}(A):=(([a_{ij}]_p),([a_{ij}]_q))$ によって定めると，$\overline{\varphi}$ は well-defined である．また，任意の $B=([b_{ij}]_{pq})\in\mathrm{SL}(n,\mathbb{Z}/pq\mathbb{Z})$ に対して

$$
\begin{aligned}
\overline{\varphi}(AB)=\overline{\varphi}\Bigl(\Bigl[\sum_{k=1}^{n}a_{ik}b_{kj}\Bigr]_{pq}\Bigr)&=\Bigl(\Bigl(\Bigl[\sum_{k=1}^{n}a_{ik}b_{kj}\Bigr]_p\Bigr),\Bigl(\Bigl[\sum_{k=1}^{n}a_{ik}b_{kj}\Bigr]_q\Bigr)\Bigr)\\
&=(([a_{ij}]_p)([b_{ij}]_p),([a_{ij}]_p)([b_{ij}]_q))=\overline{\varphi}(A)\overline{\varphi}(B)
\end{aligned}
$$

となり，$\overline{\varphi}$ は準同型写像である．

$\overline{\varphi}$ が全単射であることを示そう．$\overline{\varphi}(A)=(([a_{ij}]_p),([a_{ij}]_q))=(E_n,E_n)$ とすると，$a_{ij}\equiv\delta_{ij}\pmod p$ かつ $a_{ij}\equiv\delta_{ij}\pmod q$ となる[121]．よって，p と q は互いに素であるので $a_{ij}\equiv\delta_{ij}\pmod{pq}$ となり，$A=E_n$ である．つまり，$\overline{\varphi}$ は単射．一方，任意の $(([a_{ij}]_p),([b_{ij}]_q))\in\mathrm{SL}(n,\mathbb{Z}/p\mathbb{Z})\times\mathrm{SL}(n,\mathbb{Z}/q\mathbb{Z})$ に対して，(1) で用いた整数 x,y を利用して，$c_{ij}:=a_{ij}qy+b_{ij}px$ とおけば，$\det([c_{ij}]_p)=\det([a_{ij}]_p)=1$，$\det([c_{ij}]_q)=\det([b_{ij}]_q)=1$ となるので，$\det([c_{ij}]_{pq})=1$ である．すなわち，$([c_{ij}]_{pq})\in\mathrm{SL}(n,\mathbb{Z}/pq\mathbb{Z})$．さらに，$\overline{\varphi}(([c_{ij}]_{pq}))=(([a_{ij}]_p),([b_{ij}]_q))$ であるので，$\overline{\varphi}$ は全射．

121) δ_{ij} はクロネッカーのデルタ．

(3) 今，ラグランジュの定理より，

$$[\mathrm{SL}(2,\mathbb{Z}):\Gamma(2,6)]=[\mathrm{SL}(2,\mathbb{Z}):\Gamma(2,3)][\Gamma(2,3):\Gamma(2,6)]$$

である．一方，定理 6.10 より，

$$
\begin{aligned}
[\mathrm{SL}(2,\mathbb{Z}):\Gamma(2,6)]&=|\mathrm{SL}(2,\mathbb{Z}/6\mathbb{Z})|=|\mathrm{SL}(2,\mathbb{Z}/2\mathbb{Z})\times\mathrm{SL}(2,\mathbb{Z}/3\mathbb{Z})|\\
&=|\mathrm{SL}(2,\mathbb{Z}/2\mathbb{Z})|\cdot|\mathrm{SL}(2,\mathbb{Z}/3\mathbb{Z})|=6\cdot 24=144,\\
[\mathrm{SL}(2,\mathbb{Z}):\Gamma(2,3)]&=|\mathrm{SL}(2,\mathbb{Z}/3\mathbb{Z})|=24
\end{aligned}
$$

であるので，$[\Gamma(2,3):\Gamma(2,6)] = 6$ である．

(4) 補題 6.35 および，例 6.38 より，$\Gamma(2,3)$ は階数 3 の自由群である．よって，(3) の結果と，定理 3.9 より，$\Gamma(2,6)$ は階数 $18-6+1 = 13$ の自由群である．□

問題 6.4 $N > 1$ を自然数とし，自然な全射商準同型 $\mathbb{Z} \to \mathbb{Z}/N\mathbb{Z}$ は群準同型写像

$$\varpi : \mathrm{GL}(n,\mathbb{Z}) \to \mathrm{GL}(n,\mathbb{Z}/N\mathbb{Z})$$

を誘導する．このとき以下を示せ．

(1) ϖ が全射 $\iff$ $N = 2,3,4,6$.

(2) $N \neq 2$ のとき，$\mathrm{Ker}(\varpi) = \Gamma(n,N)$.

(3) $N = 2$ とする．$K = \left\langle \begin{pmatrix} -1 & O \\ O & E_{n-1} \end{pmatrix} \right\rangle$ とおくとき，$K \cong \mathbb{Z}/2\mathbb{Z}$ かつ，

$$\mathrm{Ker}(\varpi) = \Gamma(n,2)K, \quad \Gamma(n,2) \lhd \mathrm{Ker}(\varpi), \quad \Gamma(n,2) \cap K = \{1\}.$$

(4) 各 $k \in K$ に対して，写像 $\theta_k : \Gamma(n,2) \to \Gamma(n,2)$ を

$$A \mapsto kAk^{-1}, \quad A \in \Gamma(n,2)$$

で定めると，θ_k は $\Gamma(n,2)$ の自己同型であり，$\sigma : K \to \mathrm{Aut}\,\Gamma(n,2)$, $k \mapsto \sigma_k$ は準同型写像である．このとき，

$$\mathrm{Ker}(\varpi) \cong \Gamma(n,2) \rtimes_\sigma K.$$

解答． (1) ($\Longrightarrow$) $N \neq 2,3,4,6$ のとき，$|(\mathbb{Z}/N\mathbb{Z})^\times| \geq 3$ であるので，既約剰余類群 $(\mathbb{Z}/N\mathbb{Z})^\times$ は ± 1 以外の元を含む．これを一つとり，α とし，$A := \begin{pmatrix} \alpha & O \\ O & E_{n-1} \end{pmatrix} \in \mathrm{GL}(n,\mathbb{Z}/N\mathbb{Z})$ とすると，$A \notin \mathrm{Im}(\varpi)$ である．ゆえに，ϖ は全射ではない．($\Longleftarrow$) $N = 2,3,4,6$ のとき，$(\mathbb{Z}/N\mathbb{Z})^\times = \{\pm 1\}$ である．つまり，任意の $A = ([a_{ij}]_N) \in \mathrm{GL}(n,\mathbb{Z}/N\mathbb{Z})$ に対して，$\det(a_{ij}) = \pm 1 \pmod N$. そこで，必要であれば $B := \begin{pmatrix} [-1]_N & O \\ O & E_{n-1} \end{pmatrix} \in \mathrm{Im}(\varpi)$ を A に乗

じて，初めから $\det A = 1$ と仮定してよい．このとき，補題 6.16 により直ちに求める結果が従う．

(2) 任意の $A \in \mathrm{Ker}(\varpi)$ に対して $\det A = \pm 1$ であるが，$N \neq 2$ のとき $-1 \not\equiv 1 \pmod{N}$ であるから，$\det A = 1$ でなければならない．ゆえに，$A \in \mathrm{SL}(n, \mathbb{Z})$ であり，これは $A \in \Gamma(n, N)$ を意味する．よって，$\mathrm{Ker}(\varpi) \subset \Gamma(n, N)$．逆の包含関係は明らかである．

(3) $\mathrm{Ker}(\varpi) \subset \Gamma(n, 2)K$ 以外は明らかであろう．任意の $A \in \mathrm{Ker}(\varpi)$ に対して，$\det A = \pm 1$．$\det A = 1$ であれば，$A \in \Gamma(n, 2)$ である．$\det A = -1$ であれば，$B := \begin{pmatrix} -1 & O \\ O & E_{n-1} \end{pmatrix} \in K$ に対して，$\det AB = 1$ であり，$AB \in \Gamma(n, 2)$ となる．よって，$A \in \Gamma(n, 2)K$．

(4) $\Gamma(n, 2)$ は $\mathrm{GL}(n, \mathbb{Z})$ の正規部分群であるから，特に，任意の $k \in K$，$A \in \Gamma(n, 2)$ に対して $kAk^{-1} \in \Gamma(n, 2)$．したがって，$\theta_k$ は well-defined である．残りは (3) の結果から直ちに得られる．□

問題 6.5 $n \geq 2$ に対して，$\mathrm{PGL}(n, \mathbb{Z})$, $\mathrm{PSL}(n, \mathbb{Z})$ の表示を求めよ．

解答. $\mathrm{PGL}(n, \mathbb{Z}) = \mathrm{GL}(n, \mathbb{Z})/Z(\mathrm{GL}(n, \mathbb{Z}))$ であり，$Z(\mathrm{GL}(n, \mathbb{Z})) = \{\pm E_n\}$ である．定理 6.53 における $\mathrm{GL}(n, \mathbb{Z})$ の生成元を考える．簡単のため，$h_{ij}(-1) \in \mathrm{St}(n, \mathbb{Z})$ の準同型写像 $\mathrm{St}(n, \mathbb{Z}) \to \mathrm{SL}(n, \mathbb{Z})$ による像も $h_{ij}(-1)$ で表す．このとき，$h_{ij}(-1)$ は x_{kl} たちの積として表されている．すると，$-E_n = S^n h_{12}(-1) h_{13}(-1) \cdots h_{1n}(-1)$ であるから，定理 6.53 における $\mathrm{GL}(n, \mathbb{Z})$ の表示に，関係式 $S^n h_{12}(-1) h_{13}(-1) \cdots h_{1n}(-1) = 1$ を付け加えたものが $\mathrm{PGL}(n, \mathbb{Z})$ の表示である．

$\mathrm{PSL}(n, \mathbb{Z}) = \mathrm{SL}(n, \mathbb{Z})/Z(\mathrm{SL}(n, \mathbb{Z}))$ についても同様である．n が奇数であれば $Z(\mathrm{SL}(n, \mathbb{Z})) = \{E_n\}$ であるので，$\mathrm{PSL}(n, \mathbb{Z}) \cong \mathrm{SL}(n, \mathbb{Z})$．ゆえに，定理 6.52 における $\mathrm{SL}(n, \mathbb{Z})$ の表示を $\mathrm{PSL}(n, \mathbb{Z})$ の表示とみなせる．n が偶数のときは，定理 6.52 における $\mathrm{SL}(n, \mathbb{Z})$ の表示に，関係式 $h_{12}(-1) h_{13}(-1) \cdots h_{1n}(-1) = 1$ を付け加えたものが $\mathrm{PSL}(n, \mathbb{Z})$ の表示である．□

問題 6.6 $n \geq 3$，$p > 1$ を素数とし，$\Gamma(n, p)$ を考える．$\mathbb{F}_p$ の元を成分とする n 次正方行列で，対角成分の和が 0 であるような行列全

体のなす加法的アーベル群を

$$M_0(n,p) := \{A = (a_{ij}) \mid a_{ij} \in \mathbb{F}_p,\ \mathrm{Tr}(A) = 0\}$$

とおく[122)].

122) Tr はトレース写像である．すなわち，$A = (a_{ij})$ に対して，$\mathrm{Tr}(A) = a_{11} + a_{22} + \cdots + a_{nn}$．

(1) 写像 $\Phi : \Gamma(n,p) \to M_0(n,p)$ を $\Phi(A) := \frac{1}{p}(A - E_n) \pmod p$ によって定める．このとき，Φ は well-defined な全射準同型写像であることを示せ．

(2) 同型 $\Gamma(n,p)/\Gamma(n,p^2) \cong M_0(n,p)$ を示せ．

(3) $[\Gamma(n,p), \Gamma(n,p)] \subset \Gamma(n,p^2)$ を示せ[123)].

123) 実は，Φ は $\Gamma(n,p)$ のアーベル化を与える写像であり，$[\Gamma(n,p), \Gamma(n,p)] = \Gamma(n,p^2)$ である．詳しくは[24] を参照されたい．

各 $1 \leq i \neq j \leq n$ に対して，$F_{ij} := P_{ij}(p) \in \Gamma(n,p)$ とおき，

$$\Gamma := \langle F_{ij} \mid 1 \leq i \neq j \leq n \rangle$$

とおく．

(4) 任意の F_{ij} に対して，$F_{ij}^p \equiv 1 \pmod{[\Gamma, \Gamma]}$ を示せ．

(5) Γ のアーベル化を求めよ．

解答. (1) まず Φ が well-defined であることを示そう．任意の $A = (a_{ij}) \in \Gamma(n,p)$ に対して，$\mathrm{Tr}(\Phi(A)) = 0$ を示すには，$\mathrm{Tr}(A) - \mathrm{Tr}(E_n) = \mathrm{Tr}(A) - n \equiv 0 \pmod{p^2}$ を示せばよい．今，$a_{ij} \equiv \delta_{ij} \pmod p$ である．ゆえに，

$$\begin{aligned} 1 = \det A &= \sum_{\sigma \in \mathfrak{S}_n} \mathrm{sgn}(\sigma) a_{\sigma(1)1} a_{\sigma(2)2} \cdots a_{\sigma(n)n} \\ &\equiv a_{11} a_{22} \cdots a_{nn} \pmod{p^2} \end{aligned}$$

となる．よって，$a_{ii} := 1 + a'_{ii}$ とおくと，$a'_{ii} \equiv 0 \pmod p$ であるから，

$$1 = (1 + a'_{11}) \cdots (1 + a'_{nn}) \equiv 1 + (a'_{11} + \cdots + a'_{nn}) \pmod{p^2}$$

となり，$\mathrm{Tr}(A) - n = a'_{11} + \cdots + a'_{nn} \equiv 0 \pmod{p^2}$ を得る．
次に，任意の $A, B \in \Gamma(n,p)$ に対して，

$$\begin{aligned}\Phi(AB) &= \frac{1}{2}(AB - E_n) \pmod p \\ &= \frac{1}{p}\{(A-E_n)(B-E_n) + (A-E_n) + (B-E_n)\} \pmod p \\ &= \frac{1}{p}\{(A-E_n) + (B-E_n)\} \pmod p = \Phi(A) + \Phi(B)\end{aligned}$$

となるので，Φ は準同型である．最後に Φ の全射性を示そう．まず，$M_0(n,p)$ は $\mathbb{F}_p$ ベクトル空間として $\mathbb{F}_p^{\oplus(n^2-1)}$ に同型であり，その基底は，

$$\{E_{ij} \mid 1 \le i \ne j \le n\} \cup \{E_{ii} - E_{i+1,i+1} \mid 1 \le i \le n-1\}$$

で与えられる．ここで，E_{ij} は (i,j) 成分が 1 で，その他の成分が 0 である行列単位を表す．すると，$F_{ij} := P_{ij}(p)$ とおけば，$\Phi(F_{ij}) = E_{ij}$ である．また，

$$F_i := \begin{pmatrix} E_{i-1} & O & O & O \\ O & 1+p & p & O \\ O & -p & 1-p & O \\ O & O & O & E_{n-i-1} \end{pmatrix} \in \Gamma(n,p)$$

とおくと，$\Phi(F_i F_{i,i+1}^{-1} F_{i+1,i}) = E_{ii} - E_{i+1,i+1}$ である．よって，Φ は全射．

(2) Φ の定義から明らかに $\mathrm{Ker}(\Phi) = \Gamma(n,p^2)$ であるから，(1) の結果と準同型定理から求める結果を得る．

(3) 一般に，群 G とその正規部分群 N に対して，G/N がアーベル群であれば $[G,G] \subset N$ である．ゆえに，(2) より直ちに求める結果を得る．

(4) 任意の $1 \le i \ne j \le n$ に対して，$n \ge 3$ であるから，ある $k \ne i,j$ が存在する．このとき，$F_{ij}^p = P_{ij}(p^2) = [P_{ik}(p), P_{kj}(p)]$ であるから，$F_{ij}^p \equiv 1 \pmod{[\Gamma,\Gamma]}$．

(5) Φ を Γ に制限した写像 $\Phi|_\Gamma : \Gamma \to M_0(n,p)$ を考えると，$\mathrm{Im}(\Phi|_\Gamma)$ は $\mathbb{F}_p$ ベクトル空間として $\mathbb{F}_p^{\oplus(n^2-n)}$ に同型であり，その基底は，$\{E_{ij} \mid 1 \le i \ne j \le n\}$ で与えられる．$\Phi|_\Gamma$ は自然に全射準同型写像 $\overline{\Phi|_\Gamma} : \Gamma^{\mathrm{ab}} \to \mathrm{Im}(\Phi|_\Gamma)$ を誘導する．

一方，$\{e_{ij} \mid 1 \leq i \neq j \leq n\}$ を基底とするような，階数 $n^2 - n$ の自由アーベル群 $\mathbb{Z}^{\oplus(n^2-n)}$ を考える．このとき，対応

$$\sum_{i \neq j} n_{ij} e_{ij} \mapsto \prod_{i \neq j} F_{ij}^{n_{ij}}$$

により全射準同型写像 $\Psi : \mathbb{Z}^{\oplus(n^2-n)} \to \Gamma^{\mathrm{ab}}$ が定義されるが，(4) より，Ψ はさらに準同型写像 $\overline{\Psi} : (\mathbb{Z}/p\mathbb{Z})^{\oplus(n^2-n)} \to \Gamma^{\mathrm{ab}}$ を誘導する．このとき，$\overline{\Phi|_\Gamma} \circ \overline{\Psi} : (\mathbb{Z}/p\mathbb{Z})^{\oplus(n^2-n)} \to \mathrm{Im}(\Phi|_\Gamma)$ は同型写像であるから，$\overline{\Phi|_\Gamma}$ は単射となり，したがって同型写像である．よって，$\Gamma^{\mathrm{ab}} \cong (\mathbb{Z}/p\mathbb{Z})^{\oplus(n^2-n)}$ である．□

付録

A.1 PID 上の加群の構造定理（単因子論）

本節では，本書で用いている単因子論に関して，結果のみをまとめる．詳細は[4],[9],[13] などを参考されたい．以下，可換環 R は単項イデアル整域[124]である場合を考えるが，本書で必要になるのは $R=\mathbb{Z}$ の場合のみであるから，初めから $R=\mathbb{Z}$ だと思っても特に差し支えはない．

124) 英語では，principal ideal domain といい，簡略化して PID と略記する．

定理 A. 1（PID 上の加群の構造定理） R を単項イデアル整域とし，M を有限生成 R 加群とする．このとき，ある整数 $r, s \geq 0$ と，ある $a_1, a_2, \ldots, a_r \in R$ が存在して，

$$R \neq a_1 R \supset a_2 R \supset \cdots \supset a_r R \neq (0)$$

かつ，R 加群としての同型

$$M \cong R^{\oplus s} \oplus R/a_1 R \oplus \cdots \oplus R/a_r R$$

を満たすものが存在する．

さらに，このようなイデアルの組 $(a_1 R, \ldots, a_r R)$ と $s \geq 0$ は M に対して一意的に定まる．

PID 上の加群の構造定理は，上記のものの他に以下に述べるような，素ベキ分解を用いるものもある．

定理 A. 2（PID 上の加群の構造定理 その 2） R を単項イデアル整域とし，M を有限生成 R 加群とする．このとき，ある整数 $t, s \geq 0$ と，ある素元 $p_1, p_2, \ldots, p_t \in R$（重複があってもよい）と自然数

$e_1, e_2, \ldots, e_t \geq 1$ が存在して，R 加群としての同型

$$M \cong R^{\oplus s} \oplus R/p_1^{e_1}R \oplus \cdots \oplus R/p_t^{e_t}R$$

が成り立つ．

さらに，このような直和分解は直和因子の順序と同型を除いて一意的に定まる．

定義 A.3（不変因子，単因子） 定理 A.1 における，イデアル $a_1R, \ldots, a_rR$ を M の**不変因子** (invariant factors) という．また，定理 A.2 の直和因子に現れるイデアル $p_1^{e_1}R, \ldots, p_t^{e_t}R$ を M の**単因子** (elementary divisors) という[125]．

[125] このような呼称は統一されているわけではなく，両者ともに，不変因子や単因子と呼ぶような文献もあるので注意されたい．

次に，R の元を成分とする行列の標準形について述べる．これは，R 上の自由加群の間の準同型写像 $f : R^n \to R^m$ の像 $\mathrm{Im}(f)$ や核 $\mathrm{Ker}(f)$，および余核 $\mathrm{Coker}(f) = R^m/\mathrm{Im}(f)$ の構造を決定する際にたいへん便利な道具である．

定理 A.4（PID の元を成分とする行列の標準形） R を単項イデアル整域とする．このとき，R の元を成分とする零行列でない任意の (m, n) 行列 A に対して，ある $P \in \mathrm{GL}(m, R)$ と $Q \in \mathrm{GL}(n, R)$ が存在して，

$$PAQ = \begin{pmatrix} a_1 & & & & \\ & a_2 & & & \\ & & \ddots & & \\ & & & a_r & \\ & & & & O \end{pmatrix} \quad \text{（空欄部分は 0）} \qquad \text{(A.1)}$$

とできる．ただし，

$$R \neq a_1R \supset a_2R \supset \cdots \supset a_rR \neq (0)$$

であり，このような $a_1, \ldots, a_r$ の組は A に対して一意的に決まる．

R がユークリッド整域である場合は，定理 A.4 の行列 P, Q は基本行列の積として表されることを，具体的にアルゴリズムを与える

形で述べておこう．

定理 A.5（ユークリッド整域の元を成分とする行列の標準形）R をユークリッド整域とする．このとき，定理 A.4 において，P は m 次の基本行列の積，Q は n 次の基本行列の積として表せる．

証明．$A=(a_{ij})$ を R の元を成分とする，零行列でない任意の (m,n) 行列とする．A に行列の基本変形を有限回施すことで，(A.1) の右辺の形に変形できることを示せばよい．

(1) A は零行列ではないので，0 とは異なる A の成分のうち，ノルムの値が最小になるものが存在する．これを a_{ij} とすれば，1 行目と i 行目を入れ換え，続けて 1 列目と j 列目を入れ換えることで，初めから $a_{11}\neq 0$ かつ $N(a_{11})$ が最小であると仮定してよい．

(2) $a_{i1}\neq 0$ なる $2\leq i\leq m$ が存在するとき，

$$a_{i1}=a_{11}q+r,\quad N(r)<N(a_{11})$$

となる $q,r\in R$ がとれる．A の 1 行目の $-q$ 倍を i 行目に加えると，得られた行列の $(i,1)$ 成分は r となる．このとき，(1) の操作を行う．すると，この操作において A の $(1,1)$ 成分のノルムは真に減少するから，この操作はいずれ停止する．すなわち，任意の $2\leq i\leq m$ に対して，$a_{i1}=0$ と仮定してよいことが分かる．

(3) 次に，$a_{1j}\neq 0$ なる $2\leq j\leq n$ が存在するとき，

$$a_{1j}=a_{11}q'+r',\quad N(r')<N(a_{11})$$

となる $q',r'\in R$ がとれる．A の 1 列目の $-q'$ 倍を j 列目に加えると，得られた行列の $(1,j)$ 成分は r' となる．このとき，(1) の操作を行い，続けて必要であれば (2) の操作も行う．この操作において A の $(1,1)$ 成分のノルムは真に減少するから，この操作はいずれ停止する．すなわち，任意の $2\leq j\leq n$ に対して，$a_{1j}=0$ と仮定してよいことが分かる．

(4) これまでの操作によって，A は基本変形により，

$$\begin{pmatrix} a_1 & O \\ O & A' \end{pmatrix}$$

なる行列に変形できることが分かる．ここで，A' は $(m-1, n-1)$ 行列である．そこで，帰納的に，A' に上の操作を適用し続ければ，(A.1) の右辺の形の行列が得られることが分かる．そこで，初めから，

$$A = \begin{pmatrix} a_1 & & & \\ & \ddots & & \\ & & a_r & \\ & & & O \end{pmatrix}$$

であると仮定してよい．さらに，適当に行と列を入れ換えることで，a_1 のノルムが最小であるとしてよい．

(5) ある $2 \leq i \leq r$ で，$a_i \notin a_1 R$ となっているものが存在するとき．このとき，

$$a_i = a_1 q'' + r'', \quad N(r'') < N(a_1)$$

を満たす $q'', r'' \in R$ が存在する．今，A の i 行目に 1 行目の $-q''$ 倍を加え，続けて i 列目に 1 列目を加えると，(i,i) 成分は r'' となる．このとき，(1) から (4) の操作を行う．この操作において A の $(1,1)$ 成分のノルムは真に減少するから，この操作はいずれ停止する．すなわち，任意の $2 \leq i \leq r$ に対して，$a_i \in a_1 R$ と仮定してよいことが分かる．最後に，$(m-1, n-1)$ 行列

$$A'' = \begin{pmatrix} a_2 & & & \\ & \ddots & & \\ & & a_r & \\ & & & O \end{pmatrix}$$

に対して帰納的に上の操作を施せば，最終的に

$$R \neq a_1 R \supset a_2 R \supset \cdots \supset a_r R \neq (0)$$

となることが分かる．□

注意 A.6 定理 A.5 は以下のように改良することができる．$n \geq 2$ とし，任意の $1 \leq i, j \leq n$, $i \neq j$ に対して，

$$Q_{ij} := (\boldsymbol{e}_1 \cdots \boldsymbol{e}_{i-1} \ -\boldsymbol{e}_j \ \boldsymbol{e}_{i+1} \cdots \boldsymbol{e}_{j-1} \ \boldsymbol{e}_i \ \boldsymbol{e}_{j+1} \cdots \boldsymbol{e}_n)$$

$$= \begin{array}{c} \\ i \\ \\ j \\ \\ \end{array} \overset{\begin{array}{cccc} & i & & j \end{array}}{\begin{pmatrix} E & & & & \\ & 0 & & 1 & \\ & & E & & \\ & -1 & & 0 & \\ & & & & E \end{pmatrix}} \quad \text{(空欄部分は 0)}$$

とおくと，$Q_{ij} \in \mathrm{SL}(n, R)$ である[126]．さらに，

$$\begin{pmatrix} 0 & 1 \\ -1 & 0 \end{pmatrix} = \begin{pmatrix} 1 & 0 \\ -1 & 1 \end{pmatrix} \begin{pmatrix} 1 & 1 \\ 0 & 1 \end{pmatrix} \begin{pmatrix} 1 & 0 \\ -1 & 1 \end{pmatrix}$$

に注意すれば，

$$Q_{ij} = P_{ji}(-1)P_{ij}(1)P_{ji}(-1)$$

が成り立つ．そこで，定理 A.5 の議論において，P_{ij} を用いる代わりに Q_{ij} を用いれば[127]，P，Q は $P_{ij}(c)$ なる形の基本行列の積として表せることが分かる．このとき，$P, Q \in \mathrm{SL}(n, R)$ である．

126) Q_{ij} を左（右）からかけることは，i 行目（j 列目）を -1 倍して j 行目（i 列目）と入れ換える操作に対応している．

127) 定理 A.5 の議論では，行列の成分のノルムを減少させることと，成分が 0 になるかならないかということが重要であり，成分を -1 倍（単元倍）する操作は議論の本質に何ら影響しない．

参考文献

[1] 浅野 啓三，永尾汎：『群論』，岩波全書，岩波書店 (1965).
[2] 彌永 昌吉：『自由群論』，大阪帝國大學理學部數學科講演集 VI，岩波書店 (1941).
[3] 河田 敬義：『一変数保型函数の理論 (I) Fuchs 群』，東大数学教室セミナリー・ノート 4，東京大学 (1963).
[4] 近藤 武：『群論』，岩波基礎数学選書，岩波書店 (1991).
[5] 佐藤 隆夫：『シローの定理』，近代科学社 (2015).
[6] 鈴木 晋一：『曲面の線形トポロジー 上・下』，槇書店 (1986).
[7] 鈴木 通夫：『群論 上・下』，岩波書店 (1978).
[8] 新妻 弘，木村 哲三：『群・環・体入門』，共立出版 (1999).
[9] 松坂 和夫：『代数系入門』，岩波書店 (1976).
[10] 松本幸夫：『トポロジー入門』，岩波書店 (1985).
[11] 宮西 正宜：『代数学 1』，裳華房 (2010).
[12] 矢野 健太郎編，東京理科大学数学教育研究所編集：『数学小辞典 第 2 版』，共立出版 (2010).
[13] 山崎 圭次郎：『環と加群』，岩波基礎数学選書，岩波書店 (2002).
[14] 渡辺 哲雄：『群論演習』，槇書店 (1987).
[15] H. Behr and J. Mennicke：A presentation of groups *PSL(2,p)*, *Canad. J. Math.* 20 (1968), 1432–1438.
[16] A. Christfides：*Thesis*, Queen Mary College, University of London (1966).
[17] D. E. Cohen：*Combinatorial Group Theory: a topological approach*, Cambridge University Press (1989).
[18] H. S. M. Coxeter and W. O. J. Moser：*Generators and Relations for Discrete Groups*, Springer (1972).
[19] H. Frasch: Die Erzeugenden der Hauptkongruenzgruppen für Primzahlstufen, *Math. Ann.* 108 (1933), 229–252.
[20] N.J. Fullarton：A generating set for the palindromic Torelli group, *Alg. Geom. Top.* 15 (2015), 3535–3567.
[21] M. Hall：*The theory of groups*, the Macmillan Company (1959).
[22] D. L. Johnson：*Presentation of groups, 2nd edition*, Cambridge University Press (1997).
[23] R. Kobayashi：A finite presentation of the level 2 principal congruence subgroup of $GL(n;\mathbb{Z})$, *Kodai Math. Journal* 38 (2015), 534–559.
[24] R. Lee and R. H. Szczarba：On the Homology and Cohomology of Congruence Subgroups, *Invent. Math.* 33 (1976), 15–53.
[25] R. C. Lyndon and P. E. Schupp: *Combinatorial Group Theory*, Springer (1977).

[26] W. Magnus : Über n-dimensinale Gittertransformationen, *Acta Math.* 64 (1935), 353–367.

[27] W. Magnus, A. Karras and D. Solitar: *Combinatorial group theory*, Interscience Publ., New York (1966).

[28] J. Milnor : *Introduction to Algebraic K-Theory*, Princeton University Press (1971).

[29] M. Newman : *Integral Matrices*, Academic Press (1972).

[30] V. H. Rademacher : Über die Erzeugenden von Kongruenzuntergruppen der Modulgruppe, *Hambg. Abh.* 7 (1929), 134–148.

[31] J. J. Rotman : *Advanced Modern Algebra*, Graduate Studies in Mathematics 114, American Mathematical Society (2002).

[32] G. Shimura : *Introduction to the Arithmetic Theory of Automorphic Functions*, Princeton University Press (1994).

[33] R. Steinberg : Some Consequences of the Elementary Relations in SL_n, *Contemporary Mathematics* 45 (1985), 335–350.

[34] R. Swan : Generators and relations for certain spesial linear groups, *Advances in Math.* 6 (1971), 1–77.

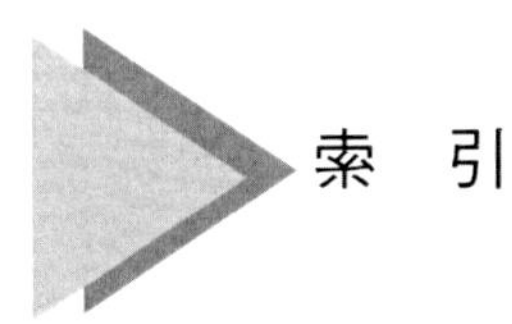

索　引

著者紹介

佐藤 隆夫（さとう たかお）

1979 年生まれ，横浜市出身．
2006 年 3 月，東京大学大学院数理科学研究科 数理科学専攻博士課程修了
2006 年 4 月，日本学術振興会特別研究員 (PD)，東京大学
2007 年 4 月，日本学術振興会特別研究員 (PD)，大阪大学
2008 年 10 月，京都大学特定助教（グローバル COE），大学院理学研究科
2011 年 4 月，東京理科大学講師，理学部第二部数学科
2015 年 4 月，東京理科大学准教授，理学部第二部数学科，現在に至る．
専門は代数的位相幾何学．博士（数理科学）．
著書：『シローの定理』，近代科学社 (2015)．

大学数学スポットライト・シリーズ⑥
群の表示

2017 年 2 月 28 日　初版第 1 刷発行

著　者　佐藤隆夫
発行者　小山透
発行所　株式会社 近代科学社

〒 162-0843　東京都新宿区市谷田町 2-7-15
電 話　03-3260-6161　振 替　00160-5-7625
http://www.kindaikagaku.co.jp

藤原印刷　ISBN978-4-7649-0533-7
定価はカバーに表示してあります．

【本書のPOD化にあたって】
近代科学社がこれまでに刊行した書籍の中には、すでに入手が難しくなっているものがあります。それらを、お客様が読みたいときにご要望に即してご提供するサービス／手法が、プリント・オンデマンド（POD）です。本書は奥付記載の発行日に刊行した書籍を底本としてPODで印刷・製本したものです。本書の制作にあたっては、底本が作られるに至った経緯を尊重し、内容の改修や編集をせず刊行当時の情報のままとしました（ただし、弊社サポートページ https://www.kindaikagaku.co.jp/support.htm にて正誤表を公開／更新している書籍もございますのでご確認ください）。本書を通じてお気づきの点がございましたら、以下のお問合せ先までご一報くださいますようお願い申し上げます。

お問合せ先：reader@kindaikagaku.co.jp

Printed in Japan
POD開始日　2023年6月30日
発　　行　株式会社近代科学社
〒101-0051 東京都千代田区神田神保町1丁目105番地
https://www.kindaikagaku.co.jp
印刷・製本　京葉流通倉庫株式会社